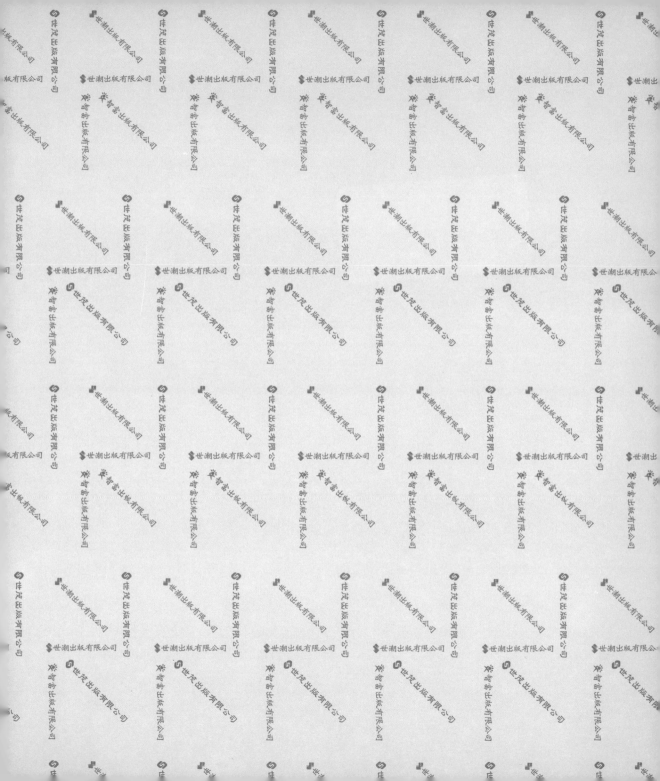

媽咪安心手冊 1

我要當媽媽了

安心懷孕，輕鬆生產

婦產科醫師 雨森良彥、松本智惠子◇合著
黃茜如◇譯

從懷孕第一天開始到生產，
和胎兒一起愉快度過懷孕期，
輕鬆、平安的生產！

目錄

第1部 恭喜妳懷孕了！——懷孕初期……7

懷孕初期的胎兒及母體……8
懷孕了嗎？——自己驗孕的方法……10
3分鐘驗孕——驗孕的各種方式……12
10個月的母體變化及腹中的胎兒
——1～10個月胎兒的變化及母親的生活備忘錄……14
最新胎兒學——腹中的胎兒清晰可見……24
新胎教——孕婦應保持安穩、舒暢的生活，切記不可焦躁不安……26
血型排斥的問題？……28

懷孕初期應注意的症狀及疾病

克服孕吐……30
專欄 懷孕期及預產期的算法……31
伴隨懷孕而來的各種症狀……34
便秘　腰腿疼痛　痔瘡　斑點、雀斑
腿肚抽筋　靜脈曲張　頻尿
本身有病症的孕婦要特別小心
心臟病……36　肝臟病……37　糖尿病……38
慢性腎炎……39　高血壓……40　其他疾病……41
孕期的卵巢囊腫及子宮肌瘤……42
可怕的子宮外孕及葡萄胎……44
預防流產……46
遠離藥物、X光線、德國麻疹……50

第2部

與胎兒配合良好嗎？——懷孕中期

與胎兒配合良好嗎？——懷孕中期……53
懷孕中期的胎兒及母體……54
懷孕時期容易貧血……56
孕期的營養及飲食……58
過胖造成母體的負荷……62
孕期生活的問答集……64
抽煙的影響？ 可以喝酒嗎？ 可以喝咖啡嗎？
不可以養寵物嗎？ 什麼時候開始不可以騎腳踏車？
可以旅行、兜風嗎？ 外出時應注意的事項？ 蛀牙的治療？
可接種疫苗嗎？ 乳房的保養按摩方法？ 一定要保暖嗎？
腹部漸大影響睡眠…… 性生活應注意的事項？
懷孕第5個月開始束上束腹帶……70
羊水的功能及羊膜穿刺的檢查……72

第3部

努力支撐到分娩——懷孕後期

努力支撐到分娩——懷孕後期……73
懷孕後期的胎兒及母體……74
可怕的妊娠中毒症……76
懷孕後期的危險信號……80
下腹痛……80 出血……81 痙攣……82 破水……83
早產——全力安胎……84
胎位不正——懷孕末期的治療方式……88
超過預產期2週……90

回家鄉生產——應在生產前一個月動身 92
多胞胎及排卵劑 94

第4部 正式進入分娩期——生產前後 95

住院必備的用品 96
接近分娩的信號 98
開始分娩的3個信號 100
順產所需的三種力道 102
分娩分為三期
第I期（開口期） 104
第II期（娩出期） 106
第III期（胎盤期） 108
剛出生的嬰兒 109
選擇合適的分娩醫院 110
夫妻同心協力的拉梅茲法 112
剖腹生產、產鉗分娩、吸引分娩 116
無痛分娩法 118

第5部 安靜休養、輕鬆育兒——產後的生活 119

產後的生活日誌
——產後一個月的身體恢復及生活要點 120
產後的健美操快速恢復窈窕的身材 125
哺育母乳 126

未滿月的嬰兒
滿月的健康檢查……130
只有媽媽最清楚寶寶的狀況……131
哭聲　姿勢　吐奶　膚色　打嗝
大便的顏色　眼睛　鼠蹊部、會陰部　頭蓋骨腫大　肚臍發炎
產後憂鬱症……134
先進的早產兒醫療設備及技術……138

第6部 懷孕及生產的最新資訊

第6部　懷孕及生產的最新資訊……139
高齡產婦……140
職業婦女在孕期的通勤、工作上應注意的事項……142
生男生女的方法……146
選擇適合自己的避孕法……148
孕期中的運動……150
懷孕、生產、育兒的相關資訊……152

第1部
懷孕初期

恭喜妳懷孕了！

胎兒器官形成的重要時期
懷孕初期的胎兒及母體

第1個月
末次月經的第1天～懷孕3週

子宮像雞蛋一般大。受精後1週在子宮著床。

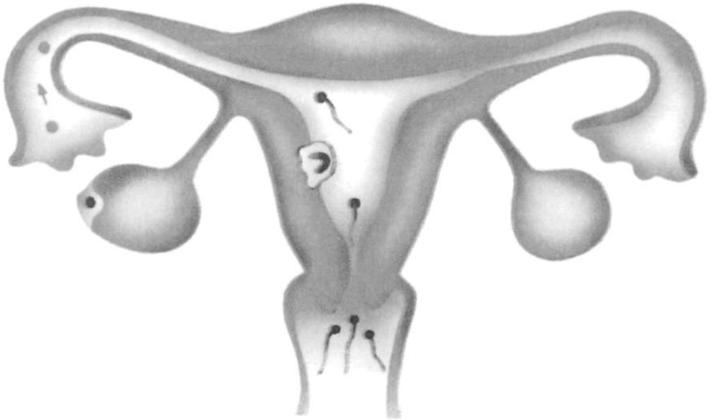

（受精、著床、胎兒）

懷孕初期是末次月經的第1天到懷孕的第3個月底，即懷孕的前11週。

從受精到子宮著床，懷孕初期的第3週，幾乎無懷孕的徵兆。但是到了第11週，子宮變得像葡萄柚一般大。懷孕的最早期乳頭起變化、頻尿等，不久開始噁心、嘔吐，此時期可用超音波探知胎兒的心跳，應避免流產，平安地孕育胎兒。

胎兒的身體雖小，但各器官已逐步形成，包括臉部的器官且四肢開始活動。總之，懷孕初期是指由受精到著床的胚胎時期轉為胎兒。

（謹慎預防流產、胎兒畸形）

懷孕初期非常容易流產，是最需謹慎注意的重要時期。有時也會發生子宮外孕等異常。且此時期需注意用藥、避免照射X光及感染病毒等。

懷孕初期也是自然淘汰無法著床及發育不良胚胎的時期。

第 2 個月
懷孕4~7週

子宮像鵝蛋一般大。
胚胎約2.5公分，4g重。
胎囊中有少量的羊水。

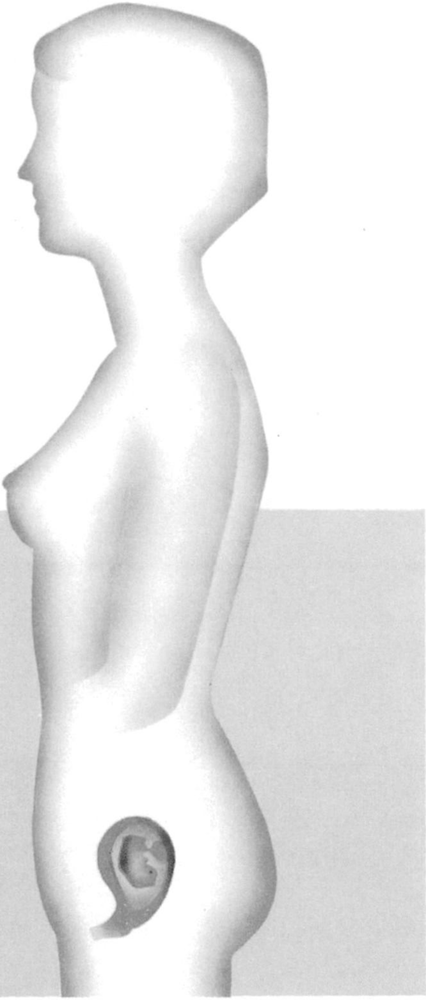

第 3 個月
懷孕8~11週

子宮如拳頭般大。
胎兒的身長約8公分，體重約20g。
已具人形。

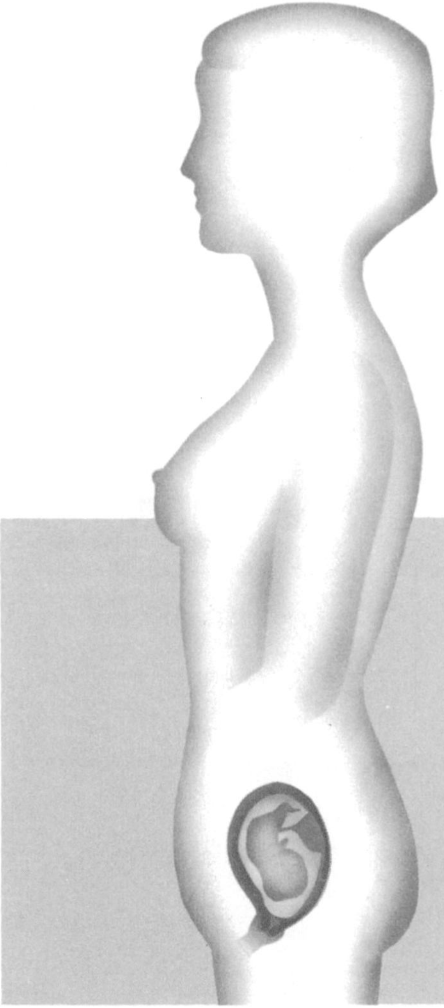

懷孕了嗎？
自己驗孕的方法

1 月經沒來

月經沒來是懷孕的第一個徵兆。如果月經延遲兩週仍未來，應前往婦產科檢查。

2 噁心、嘔吐

月經遲來後的第1、2週，早上起床或空腹時，有噁心、想吐的現象。

月經延遲2週仍未來

月經延遲兩週仍未來，是不是「懷孕了？」不安、期待等複雜的情緒油然而生。

「也許懷孕了？」——月經沒來是察覺懷孕的第一個徵兆。

但是，無月經或月經遲來並不一定就是懷孕了，環境的改變、煩心的事情或是其他原因都可能是導致無月經或月經遲來的因素。已婚的健康女性，懷孕的可能性高，若月經延遲二週以上，應該前往婦產科檢查。

出現噁心、嘔吐等症狀

第二個徵兆——噁心、嘔吐。懷孕初期，月經延遲1～2週，有些孕婦就有噁心、嘔吐的症狀。

早上起床唾液增加或空腹時便想吐。但有些孕婦不會有想吐的感覺，症狀因人而異。

3 乳頭的變化

乳頭刺痛，只要輕輕地撫摸，可減緩刺痛感。

原是粉紅色的乳頭，會變成黑色。洗澡時，可觀察乳頭顏色的變化。

4 基礎體溫保持在高溫期

基礎體溫若連續二週以上皆處於高溫期者，確實是懷孕的證據（若未懷孕，排卵後的二週內，應是低溫期）。不要猶豫，請立即至婦產科檢查。

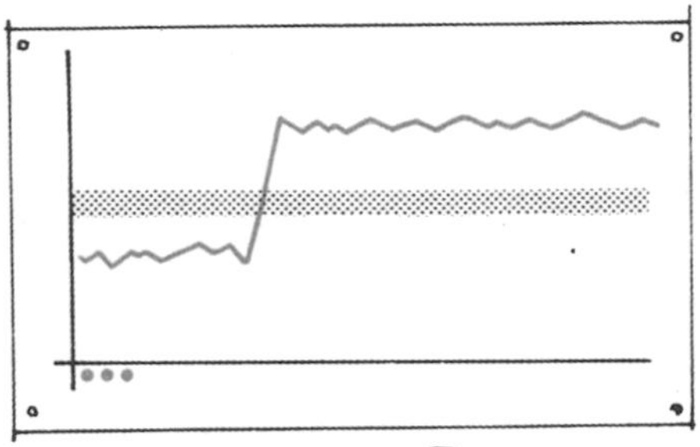

乳房脹大，乳頭變黑

因乳房脹大，導致乳頭痛。由於乳頭敏感，一觸摸便有疼痛感。

乳頭，從表面來看，原本是圓狀的乳暈，因褐色的色素漸增而變成黑色。

這是因爲懷孕時，卵巢分泌的黃體素增加，刺激乳腺的結果。

懷孕6個月後，乳房會脹大，爲生產後的哺乳預作準備。

月經未來，高溫期持續二週以上

懷孕時，基礎體溫會持續地保持在高溫期。一般高溫期約二週左右，移至低溫期後，即是月經期，若未特別服用荷爾蒙劑，但高溫期卻持續二週以上者，可能懷孕了。若高溫期長達三週以上，且月經未來，懷孕的機率高達90％。

基礎體溫的變化可用來判斷懷孕與否，方法簡單，自己就能驗孕，且準確度高。

3分鐘驗孕

驗孕的各種方式

月經延遲二週，檢驗尿液，即可知懷孕與否。

婦產科尿液檢查只需3分鐘。與其煩惱用藥？不能滑雪？不能旅行？等等，不如先到婦產科檢查。

婦產科檢驗尿液，即可準確地判斷懷孕與否

月經延遲二週以上，且有噁心、嘔吐、乳房起變化等現象時，不要猶豫，前往婦產科檢查。婦產科檢查尿液即可判知是否懷孕。

懷孕時，形成胎盤的絨毛會分泌荷爾蒙，排放在尿液中，從尿液檢查即可判定懷孕與否。但以尿液來驗孕，必須月經超過預定日兩週以上。

驗孕藥

前往婦產科檢查之前，可到藥房買驗孕藥自行驗孕。

和在婦產科的尿液檢查的原理是相同的，檢查尿中是否有絨毛所排放出來的荷爾蒙。必須月經超過預定日10天～兩週以上，驗孕的結果才會準確。

使用方法：將驗孕棒放進早上的第一次尿液中，幾分鐘後即可得到反應。

在家檢驗尿液

以市售的驗孕藥驗孕，驗孕棒變色或浮出線條。

首先量體重

血壓測量是基礎的數據

懷孕後應進行各種檢查

血液、尿液的檢驗及量血壓、身高、體重等，是追蹤漫長懷孕期必備且重要的數據。

反應的方式因各種驗孕藥而異。若是懷孕，沾到尿液的驗孕棒，顏色會起變化或者是浮出線條。

若自己判定確實懷孕了，仍應前往婦產科做必要的檢查，因爲可能會發生奪人命的子宮外孕，這是一般人無法自行研判的。

懷孕後應進行各種重要的檢查

知道懷孕後，應立即做尿液、血液檢查，也需量身高、體重、血壓等。

- 檢查尿液中是否有蛋白質、糖類。尿蛋白是發現妊娠中毒症的重要線索，也是糖尿病患者要特別注意的地方。
- 檢查血液是否有梅毒、排斥血型、有無痲疹的抗體、貧血等。
- 有了身高的數值有助於判知骨盤的大小。且體重和血壓也是發覺妊娠中毒症不可或缺的重要數據。

懷孕1個月
0~3週

胎兒的發育　僅0.2mm的卵子與精子結合成受精卵，細胞開始分裂，第2週在子宮內膜著床，第4週約發育成約1cm左右的胚胎，身體各器官已具雛型。

母體的變化　在這個時期沒有明顯發覺懷孕的徵兆出現，子宮的大小和懷孕前一樣，這時期的孕婦常不自知已懷孕。

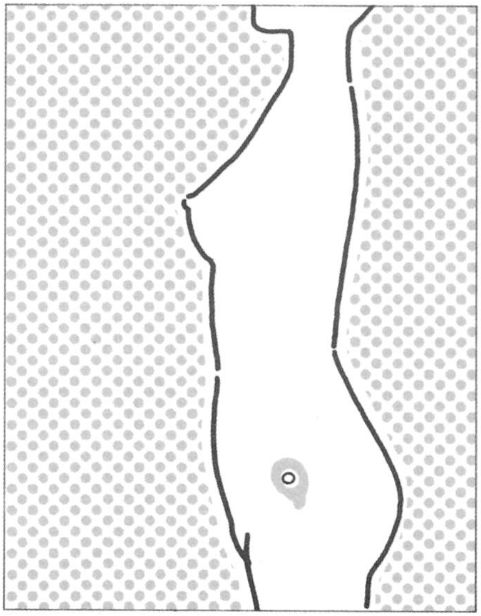

本月生活備忘

●生命的萌芽是在精子與卵子結合的瞬間。攜帶雙親遺傳因子且已決定性別的受精卵，不斷地進行細胞分裂且漸大，從輸卵管到子宮著床的時間約7天。

●受精卵到達子宮時，子宮內膜會分泌養分，受精卵吸收養分，逐漸變大並埋在子宮內膜，稱爲著床。

●著床後·週，不斷發育的受精卵稱爲胚胎，身體各器官的雛型已形成(懷孕第4週)。

●懷孕期間，將最後一次月經的第一天當作0日計算，月經超過預定日2週後，孕婦半信半疑地前往婦產科檢查時，才發現已經懷孕5~6週了。由此可知，懷孕的第一個月幾乎沒有任何徵兆。

●雖然都有避孕，但排卵後，還是有懷孕的可能，切記不可盲目的用藥、照X光。

●醫師對婦女用藥時，都要詳問「妳有無懷孕？」來嚴加把關。

懷孕 2 個月
4~7週

胎兒的發育　二個月後，胎兒身長約2.5cm，體重約4g，已初具人形，頭、腦、眼、手指、腳趾等已發育。

母體的變化　子宮的大小如鵝卵，母體的變化越來越明顯。身體變熱，早上一起床會想吐。此時期最容易流產。

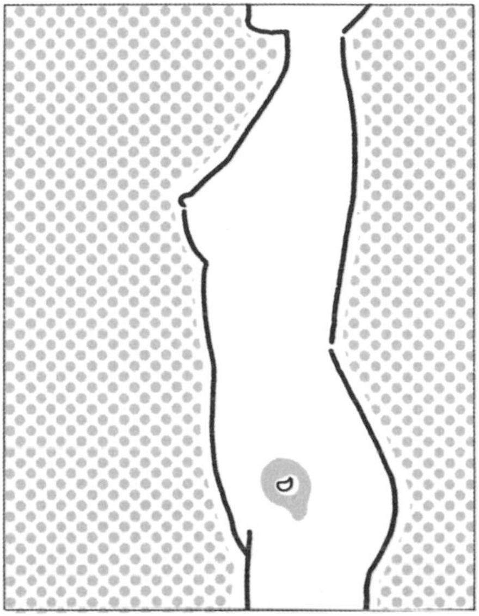

本月生活備忘

- 胎兒發育顯著。腦、頭、眼、鼻、手指等已發育成形。在這種複雜且精密的孕育過程中，母體要預防疾病、小心用藥、避免照X光等，以確保胎兒健全的發育。
- 此時期最容易流產，應避免激烈的運動、過度疲勞、謹慎從事性生活。
- 爲預防流產，不要抬、提重物。
- 開始出現噁心、嘔吐。
- 因噁心、嘔吐而食慾不振，也無須過度擔心，出現噁心、嘔吐時，胎兒還很小，僅需少量養分。但是維生素、礦物質等是不可或缺的營養素，不可因嘔吐、食慾不振而忽略攝取。
- 白帶增多，要保持身體的清潔。
- 胎兒的乳齒基礎，是在懷孕4～5週發育，此時期應攝取充足的蛋白質、鈣質、磷、維生素等。

懷孕3個月
8~11週

胎兒的發育　3個月後，胚胎期結束，進入胎兒期。身長約7.5～9cm，體重約20g。從外觀上已能分辨出男或女。

母體的變化　子宮如拳頭般大，下腹部脹大，持續有噁心、嘔吐的現象，情緒不穩定。要儘量保持心情舒暢。

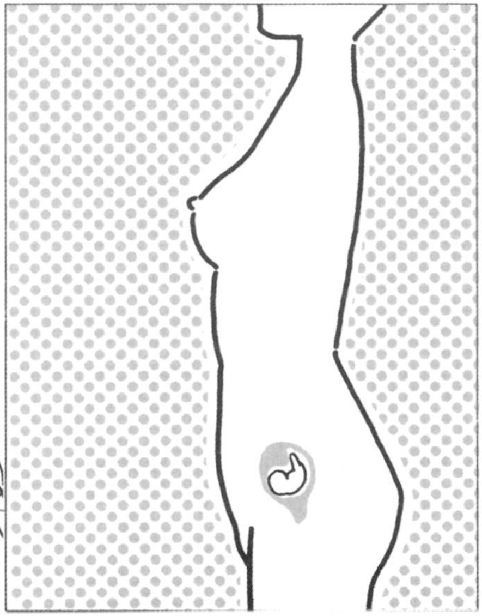

本月生活備忘

●選定分娩的醫院，每4週定期產檢一次。

●塡妥妊娠通知書交給醫院後，會收到母子健康手冊、準媽媽教室的簡介等。

●噁心、嘔吐的現象加劇，有時長達4個半月。

●容易流產。避免跌倒，抬、提重物和劇烈的運動，性生活也要謹愼爲之。

●特別注意預防感冒等傳染病，嚴重的腹瀉是流產的主因。

●不要穿高跟鞋，宜穿低跟舒適的鞋子。

●經常洗澡，保持身體的清潔。此時期陰道易感染滴毛蟲、黴菌等，若了解感染源，應早期徹底接受治療，最重要的是先生也要一併治療。

●懷孕7～8週左右可用超音波看到胎兒的心跳，約11週開始，可用聽診器聽到心跳聲。

懷孕 4 個月
12~15週

胎兒的發育　胎兒的身長已達18cm，體重約120g。胎盤已完全形成，羊水也開始分泌，皮膚較透明且薄，有胎毛。

母體的變化　子宮像幼兒的頭一樣大，下腹部較為突起。身體變得圓渾。多數的孕婦已停止噁心、嘔吐，情緒、精神也逐漸好轉。

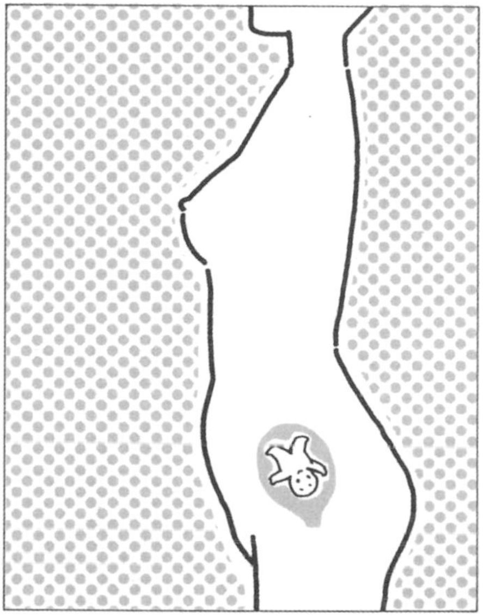

本月生活備忘

- 懷孕4個月，仍是流產的高危險期，生活上仍應預防、注意。
- 嘔吐的現象逐漸停止，飲食方面要注意營養均衡，不可過胖。
- 避免下腹部用力。不可久站。
- 每隔4週做一次定期的產檢，以提早發現異常的狀況。
- 從媽媽教室學習懷孕、生產應具備的正確知識及爲人母的責任。
- 懷孕初期，易偏食、懶散，易生蛀牙，故應注重牙齒的保健。
- 母親規律正常的生活，胎兒才能健壯地發育成長。避免緊張或遭受打擊，保持輕鬆愉悅的心情。不要整天悶在家裏，每日固定時間外出散散步。
- 預防便秘、水腫、貧血等，要保持均衡的飲食與適度的運動。
- 與妊娠中毒症有關的症狀，應早期發現早期治療。

懷孕5個月

16~19週

胎兒的發育　胎兒的身長約25cm，體重約250g。心臟已發育完成，用聽診器可聽到胎兒的心音。全身長滿胎毛，已長出指甲、腳趾甲。

母體的變化　子宮像大人的頭一般大，下腹部開始明顯的脹大，已無嘔吐的現象，此時期情緒穩定、愉快。5個半月左右，多數的孕婦都會感到胎動。這個月開始可束腹帶或穿孕婦用的束褲。

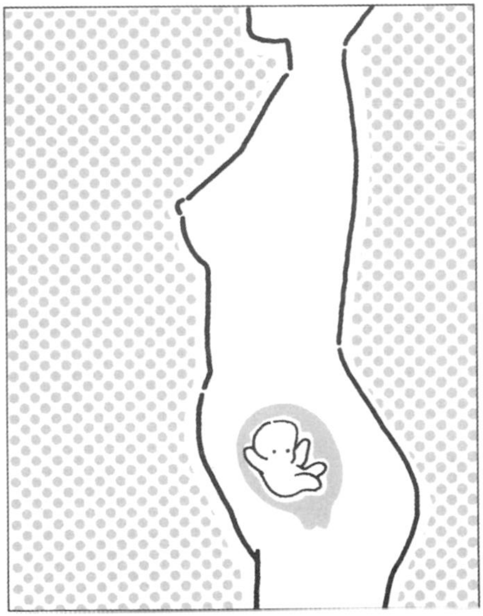

本月生活備忘

- 進入懷孕中期。已無噁心、嘔吐的現象，食慾漸增。由於胎兒顯著的發育成長，故特別要注意營養的均衡。特別是蛋白質、礦物質、維生素等類的攝取。
- 胎盤已完成，流產的危險性減少，進入所謂的安定期。安定期不等於安全期，仍不可提、抬重物或亂跑亂跳。此時期可進行牙齒的治療或整理髮型。
- 洗澡時可進行乳頭的保養及乳房的按摩，以促進乳腺的發達。
- 切記不可搬家或出遠門。
- 確實遵守每4週做一次定期的產檢。
- 檢查是否有貧血症。預防便秘、過胖。若不放心，可前往保健衛生所向護士或醫生諮詢。
- 做羊膜穿刺或超音波檢查，以了解胎兒的發育是否正常。

懷孕 6 個月

20~23週

胎兒的發育　胎兒皮膚上有胎脂，皮下脂肪增厚。身長約30cm，體重約600~700g。在羊水中活動身體，胎動非常明顯。若為男胎，睪丸明顯可見。

母體的變化　子宮底到肚臍以下一指長約20cm，包裹著身長約30cm的胎兒，故下腹部明顯的脹大。容易疲勞，應多睡覺休息。儘量減少外出。

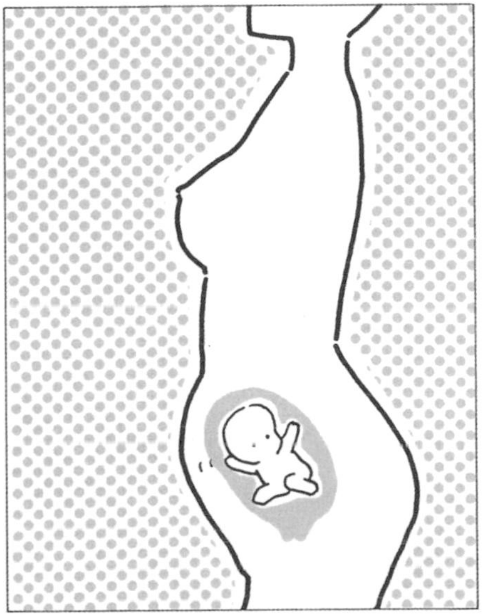

本月生活備忘

●已進入懷孕中期的後段，身心皆要保持愉悅。老毛病發作或覺得哪裡不對勁，應儘早接受治療。

●每4週定期產檢，接受必要的各種檢查。因爲胎兒汲取母體的養分，故母親應檢查有無貧血。

●身心漸處於穩定的狀態，爲在分娩的緊要關頭不慌張失措，應在情緒穩定的狀態下，事先做好生產或住院的各項準備。先寫下緊急狀況發生時的連絡醫生或電話等等，事先讓家人知道。

●爲預防過胖或妊娠中毒症，每週量一次體重並做記錄，產檢時要讓醫生知道。

●陰道的分泌物漸多，要經常沐浴保持身體的清潔。

●體重逐漸開始增加。適度的運動，如做做輕鬆的家事或散步。若經醫生許可，可穿著調整型的孕婦裝。

●爲生產做準備，開始練習拉梅茲體操。

懷孕 7 個月
24~27週

胎兒的發育 身長約35cm，體重約1kg，臉部皮膚仍有皺紋。到了第25週，胎兒可以聽到媽媽的心跳聲及聲音。大腦皮質發育成熟，胎兒可依照自己的意志，自由地活動身體。

母體的變化 子宮的長度約24cm，腹部很大，乳房脹大，壓乳頭有時會有初乳溢出。準備住院所需的物品及生產時所需的嬰兒用品。

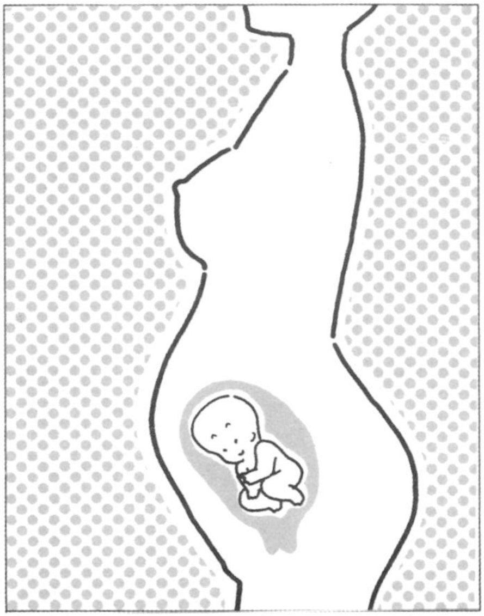

本月生活備忘

- 腹部脹大，走路容易跌倒，要穿舒適安全的低跟鞋子。
- 胎兒漸漸長大，會頂到媽媽的胃部，即使有食慾，也無法一次吃很多。此時進食方式應採少量多餐。但不可攝食過多的零食，注意飲食的均衡，不可過胖。
- 長時間的站立，易引起腳部腫脹，躺下休息時應將腳部墊高。外出時應避開上、下班人潮擁擠的時段。
- 此時期要特別注意妊娠中毒症的發生。飲食要控制鹽分。
- 懷孕中期之後，因腹部隆起會有壓迫感，故身體爲保持平衡而略向後仰，使腰背肌容易疲勞，應避免彎腰，儘量將腰部靠在椅背上。撿東西要蹲下去撿，以防重心不穩摔倒或背部受傷。
- 胎動頻繁，有時可感到腹部鼓起硬硬的。
- 此時期腹部變得很硬、很痛或出血，都是危險的信號也是早產的徵兆，應立即前往醫院。

懷孕 8 個月
28~31週

胎兒的發育　皮下脂肪增厚，身體圓潤。活動力旺盛的胎兒漸漸地胎位已固定，正常的胎位是頭朝下臀向上的姿勢。肌肉及神經系統已漸發育成熟，頭部會左右轉動，還會吸手指頭。

母體的變化　子宮的長度約28cm，胎動強烈，可感覺到胎兒在媽媽的肚子自由的活動。子宮底上升，壓迫到胃部，胃會感到不舒服且腰酸背痛。

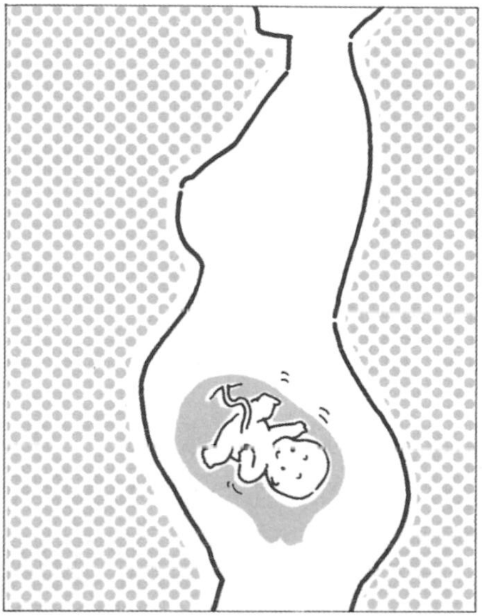

本月生活備忘

- 每個月2次定期產檢。如果有異常出現時，一定要告訴醫生。
- 本月的重點：預防早產、妊娠中毒症。若出現下腹疼痛、出血或有色的分泌物時，應立刻前往醫院就診。
- 熟練孕婦體操。
- 充足的休息與睡眠。
- 超音波檢查胎兒和胎盤的位置是否正常。
- 必須確定有無貧血、妊娠中毒症、高血壓，尿液是否正常等。
- 預防早產，謹慎從事或節制性生活。
- 有職業的孕婦，應事先規劃好生產至產後的計畫。
- 到了懷孕後期，很多孕婦會有便秘。因便秘嚴重而用力過猛，對子宮有不良的影響。爲預防便秘、早產，應多攝取富含海藻類或纖維質的食物。
- 注意水分、鹽分的攝取及控制。

懷孕 9 個月

32~35週

胎兒的發育　肺部機能已發育成熟，即使早產也能存活。身長約45cm，體重約2.5kg。指甲變長，皮膚皺紋褪去，身體變得圓潤。
母體的變化　子宮變得更大，壓迫到心臟、胃部，會有胃不舒服、呼吸困難等現象。出現下肢腫脹、靜脈曲張。睡覺時較辛苦，採側臥睡姿會較舒服。

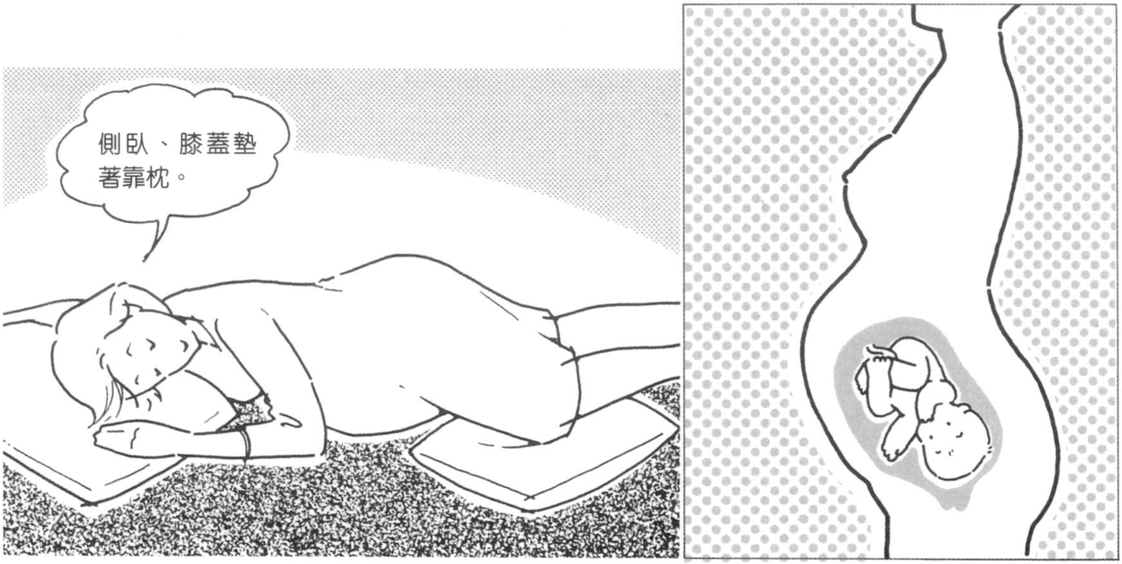

本月生活備忘

- 下肢容易腫脹，用手指壓小腿肚，若呈下陷狀，即是危險的信號。特別是突然腫脹得很嚴重時，應即刻前往醫院。
- 容易產生靜脈曲張，生產後自然消失。爲預防靜脈曲張，應避免久站，多散步、走路，休息時將腳墊高。
- 腰、背部經常疼痛。側臥睡較舒服。睡姿應採側臥、膝蓋墊著靠枕。
- 懷孕9個半月後，早產及感染的機率增高，避免激烈的性生活。
- 因身體活動不靈活，容易導致生活不正常。但每日應做適度的家事及散步。
- 白帶增多，應常沐浴保持身體的清潔。
- 每2週定期產檢一次，若有異狀，應即早治療。
- 控制水分、鹽分，不可太累，多休息。

懷孕10個月
36週以後

胎兒的發育　呼吸、消化器官和內臟等已發育完成，胎動更加頻繁。具抵抗力，準備隨時出生。身長約50cm ，體重約3kg。

母體的變化　子宮比上個月大3~4cm左右。頻尿、白帶分泌物增加，有時感到腹痛，肚子變硬。經常檢查住院應帶的各項物品，和先生討論自己不在家時應注意的事項。

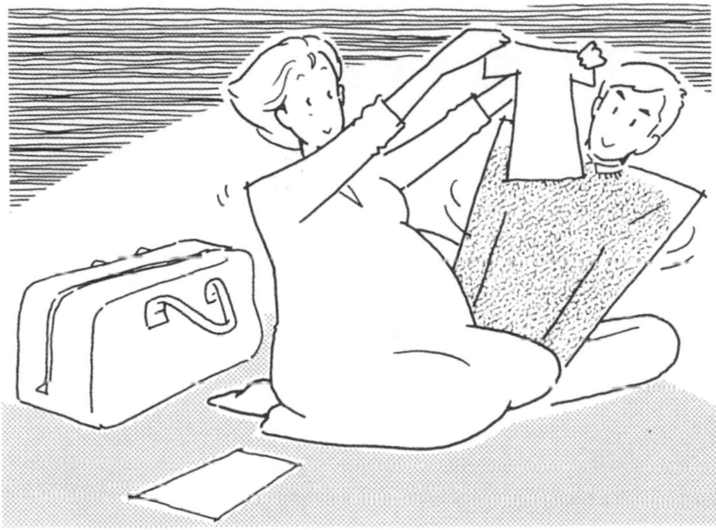

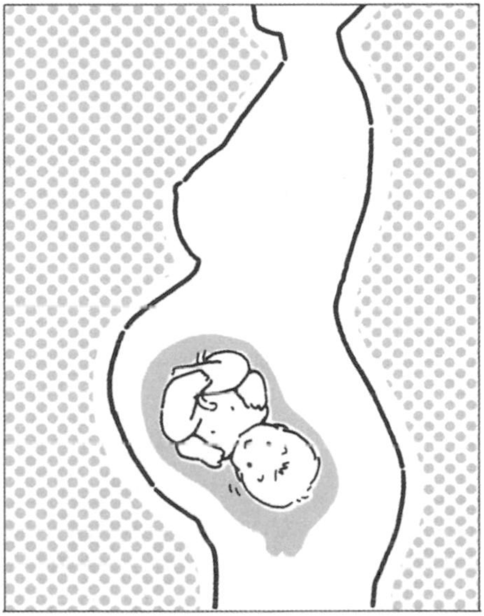

本月生活備忘

- 懷孕進入第10個月，每週1次定期產檢。
- 如平常一般做做適度的家事，充足的飲食及休息。
- 每日沐浴，保持身體的清潔。白帶、分泌物增多，要勤換內褲。
- 爲避免遺漏生產所需的各項物品，要經常檢查。
- 避免長時間的外出或出遠門。
- 要注意若有下腹疼痛、分泌物異常增多或出血等異常情況出現，應即刻前往醫院。
- 早上起床時，若臉部腫脹、手有水腫的現象、體重急劇增加等，應立刻看醫生。
- 生產前即應取下戒指。
- 雖然頻尿，但排尿疼痛或尿液中有血，有可能是膀胱炎或腎臟發炎，應立即接受診察及治療。
- 本月應特別注意前期破水。若有紅褐色或紅色等分泌物出現時，表示已經非常嚴重，應儘速前往醫院。

最新胎兒學

腹中的胎兒清晰可見

超音波斷層掃瞄裝置

將超音波掃瞄筆貼在孕婦的腹部上，可將胎兒的情況顯現在螢幕上。

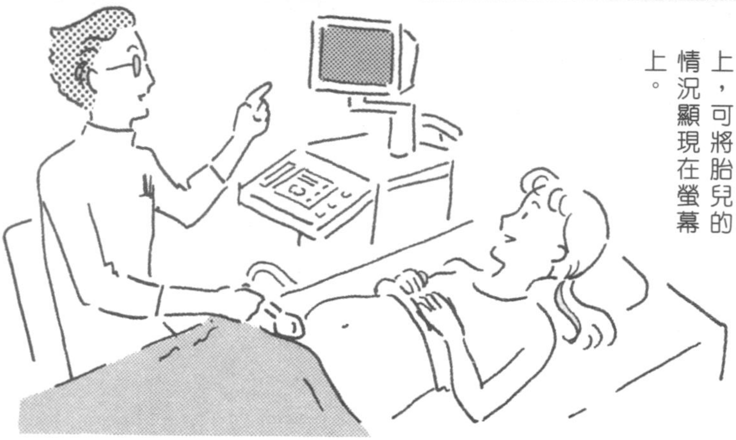

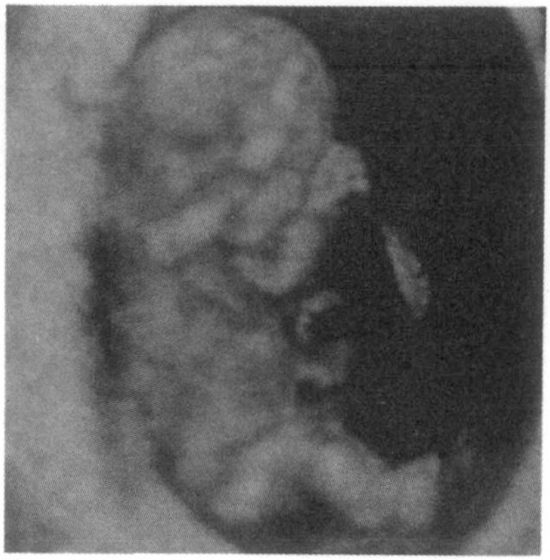

●懷孕11週的胎兒

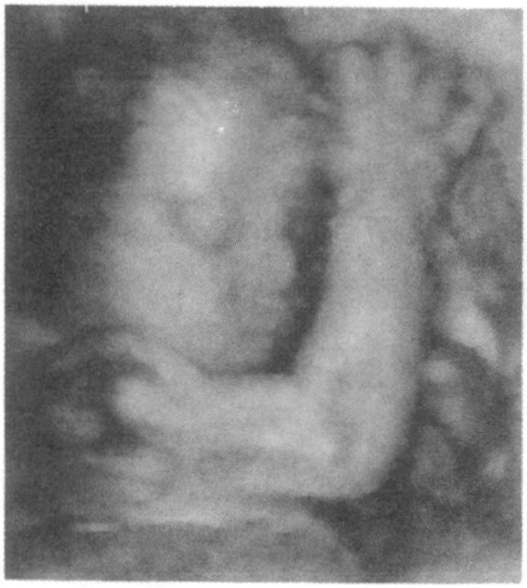

●懷孕28週的胎兒

透過超音波，即可輕易觀察到胎兒的情況

醫學日新月異，使用超音波便能清晰地看見腹中的胎兒。

超音波不只可以觀察到胎兒，亦能發現母體的疾病，現已被婦產科廣泛的使用。

周波數非常高的超音波在腹壁上流動，音波碰到胎兒後反射回來，將胎兒的情況顯現在螢幕上。

另外，有細棒狀的超音波可經由母親的陰道進入腹部，可清楚地觀察腹部的情況。

可看到4個月大的胎兒

透過超音波的檢查可觀察到各種情況，故超音波斷層掃瞄是婦產科不可或缺的設備。

懷孕初期，透過超音波斷層掃瞄可知道正確的懷孕週數。經由音波碰到胎兒後的反射作用，可準確地量出胎兒的身長。

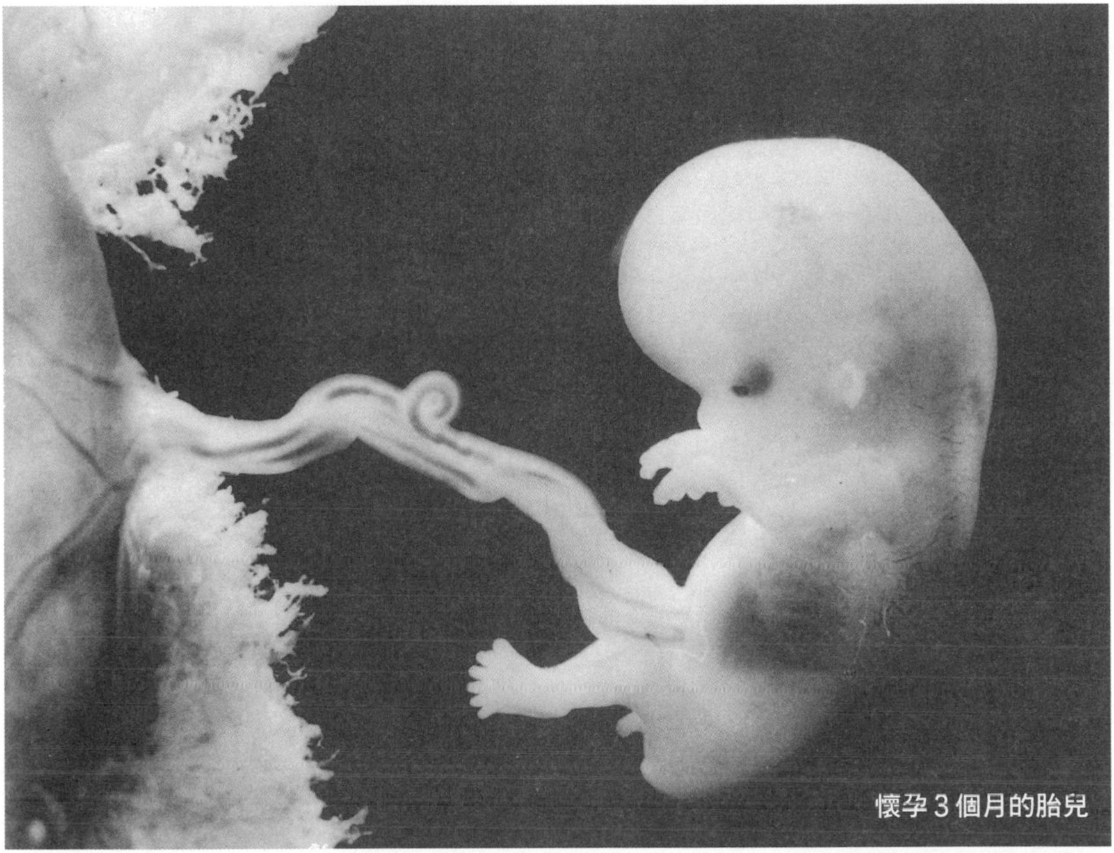
懷孕３個月的胎兒

此外，亦可發現多胞胎、畸形、子宮外孕等異常的現象，也能知道胎盤的位置是否正確或子宮、卵巢有無病變等。

懷孕第8週可觀察到胎兒心臟的跳動

懷孕多久才能聽到胎兒的心跳聲？

以前是用所謂喇叭狀的器具，貼放在母體的腹部上，來聽胎兒的心跳聲。

近來使用超音波斷層掃瞄設備，約懷孕第８週之後，即可看到胎兒的心跳；利用超音波都卜勒效應，懷孕第12週左右，即可清楚地聽到胎兒的心跳聲。

但無論超音波斷層掃瞄如何地好用，也不能每次產檢時都照超音波。更不應爲了要知道胎兒是男是女或好奇想看看小孩的長相而使用超音波。應在有異狀的檢查時才用它。

新胎教

孕婦應保持安穩、舒暢的生活，切記不可焦躁不安

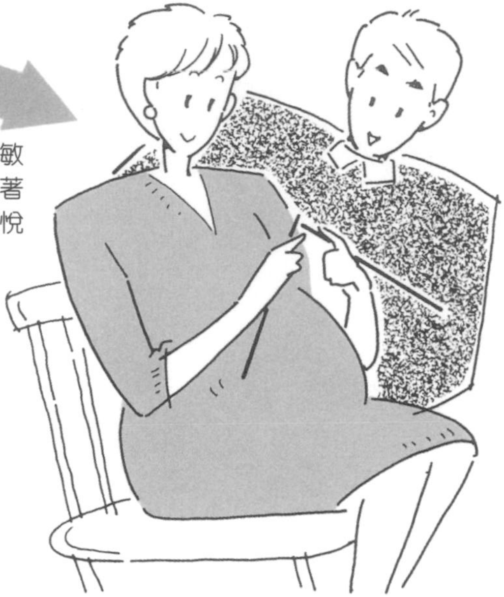

安穩、舒暢的生活

胎兒對大聲響或母親的情緒波動非常的敏感。孕婦為了胎兒應保持情緒穩定，過著身心健康、飲食均衡的生活。例如聽聽悅耳的音樂也是很棒的胎教。

禁止焦躁不安

母親若動不動就情緒失控、歇斯底里，胎兒的情緒也會受到很大的影響，變得沒有安全感。

嘈雜聲或高音，會讓胎兒的心跳、胎動激烈

胎兒的聽覺基礎約在懷孕3個月左右完成，到了第5個月，胎兒對胎內的各種聲音會有反應。

胎兒在胎內聽到的第一個聲音是母親動脈血液流動的聲音，喳—喳—像瀑布一般的水流聲。

到了第5個月，雖然動脈血液的流聲較小，但從第8個月開始，胎兒便可聽到血液流經動脈具律動性的大聲音。至第9、10個月，除了血液的聲音，母親的說話聲，或和母親說話的其他人的聲音，胎兒都能清楚地聽見。這些說話聲，透過母體的組織進入，高音消失，胎兒只能聽到低音。

以剛出生不久的嬰兒做實驗，讓他們聽各種不同的聲響，對大聲出現抵抗、厭惡。相反地，給他們聽小聲的聲音，會安靜、安穩地入眠。

其中，胎兒對胎內聽到血液流動的聲音或母親的聲音最有反應，讓他們最有安全感。

夫婦感情融洽是給寶寶最好的禮物

爸爸愛媽媽，一起期待寶寶的到來。
媽媽愛爸爸，常常和爸爸一起說話給我聽，媽媽就會笑得很高興。
所以寶寶生在這種家庭就會非常的幸福，寶寶也好喜歡爸爸和媽媽。

由於胎兒約5個月左右即能聽到聲音，所以要讓胎兒聽到美好悅耳的聲音，這也是胎教之一。

母親焦躁、夫妻吵架，對胎兒會有不良的影響

自古即有所謂的胎教，源自中國。有一個傳說：一個母親懷孕時，常常看著國王的畫像，常祈禱能培育出一個如國王般偉大的小孩，不久她的小孩出生，長大後果然成爲一國之君。

這段傳說的用意是希望懷孕中的媽媽，凡事能以胎兒爲重，過著輕鬆愉快的生活。懷孕8個月以後，胎兒能清楚的聽到各種聲響，注意不要讓胎兒聽到刺激或激烈的聲音。

不僅是聲音，母親的興奮、憤怒、感動之情，也會傳遞給胎兒，使他的心跳加快。

爲生下身心健康的嬰兒，必須確保懷孕期輕鬆無憂的生活品質及夫妻間的良好關係，母親應避免情緒焦躁不安或與先生吵架等。

血型排斥的問題？

ＡＢＯ型：相同血型，視凝血反應之後，才能輸血

懷孕最初期的產檢，幾乎都會檢查血型。所謂的ＡＢＯ型一般分爲Ａ、Ｂ、AB、Ｏ等四種，若父母親同爲Rh型時，則要檢查是陰性還是陽性。

ＡＢＯ型可能出現的問題，常伴隨異常或分娩時所引起的大出血，母親需要輸血的情況。

即使正常分娩也會有某種程度的出血，爲防止突然的大出血，必須要知道母親的血型，以備不時之需。

輸入不合適的血液，會出現凝血反應，導致血液凝固，相當的危險。Ａ型與Ｂ型不能互相輸血，但有一方是AB型的話，則輸血不會有問題。AB型只能接受AB型的血液。相反地，Ｏ型能輸血給其他各型，但Ｏ型只能接受Ｏ型的血液。

實際上，輸血幾乎都是遵照同型輸給同型的原則進行。

Rh型：第2個寶寶會出現血液排斥的問題

若母親的血型是Rh型，懷孕初期應檢查Rh型爲陽性（＋）或陰性（－）。Rh型的陽性和陰性的相互排斥，會破壞胎兒的紅血球，引起溶血性的貧血及黃疸，導致胎兒死亡，或因重度黃疸侵害新生兒的腦神經，造成腦性痲痺。

Rh型分爲陽性和陰性2型，爸爸爲Rh陽性、媽媽爲Rh陰性的情況下，所孕育的胎兒只有Rh陽性，才會發生排斥的現象。原因是母親Rh陰性的血液會破壞Rh陽性的抗體，亦破壞胎兒的紅血球。

但是若父母親皆爲Rh陰性，胎兒爲Rh陰性時，應無須擔憂。要是父親爲Rh陽性，母親爲Rh陰性，胎兒爲Rh陽性的話，若是首次懷孕的話，不會引起嚴重的血液問題。但第2胎之後，則必須尋求解決對策。目前的做法是在生完第一胎之後，直接在母體注射抑制抗體的藥，即可安心地懷第2個小孩。

母	＋	＋	－	－
父	＋	－	＋	－
小孩	＋ －	＋ －	＋ －	－ －

Rh血型排斥的現象只發生在母親為陰性、父親為陽性、小孩為陽性的情況

原因為何？在血型為Rh陰性的女性輸入Rh陽性的血液，Rh陰性的女性體內會增加破壞Rh陽性的抗體。這種抗體經由胎盤，進入胎兒的血液中，破壞胎兒的紅血球（Rh陽性），引起重度黃疸。

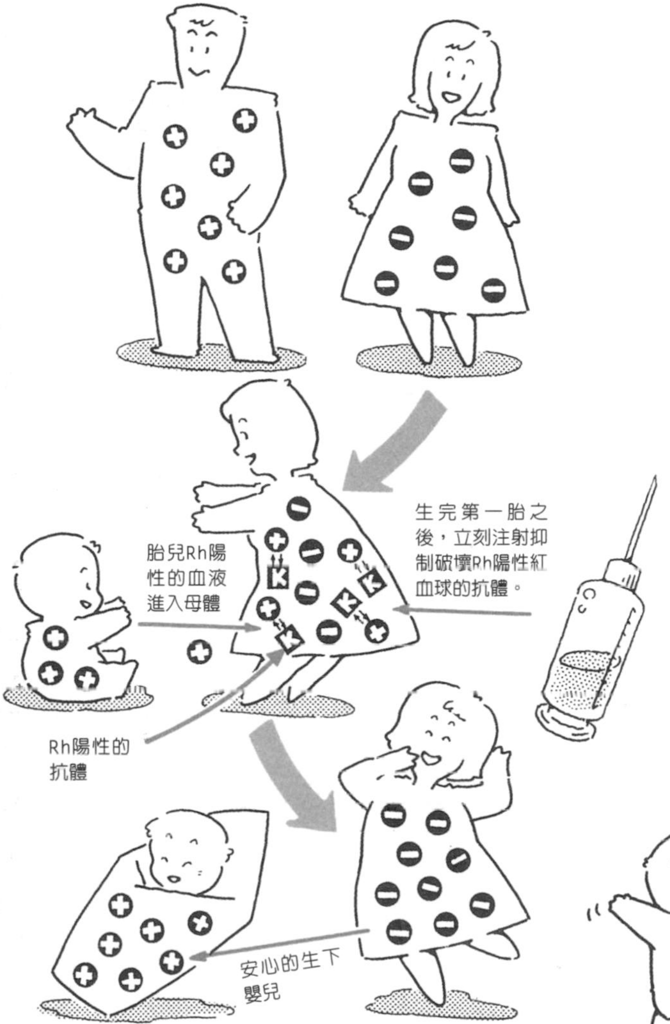
生完第一胎之後，立刻注射抑制破壞Rh陽性紅血球的抗體。
胎兒Rh陽性的血液進入母體
Rh陽性的抗體
安心的生下嬰兒

在血型為Rh陰性的女性體內，注射Rh陽性血液的原因，其一是以前無論何種情況都輸Rh陽性血液（現在少有這種情況），另一原因是懷孕時，無論是正常分娩或流產、墮胎等的出血若有須要輸血時，一律輸Rh陽性血液。

雖然懷第2胎會有問題，在血型為Rh陰性的母親生完第一胎血型為Rh陽性的嬰兒之後，立即注射抑制抗體的藥物，即可放心地懷第二胎。

可以放心了!!

懷孕初期應注意的症狀及疾病

克服孕吐

勿過度神經質，輕鬆過生活

症狀因人而異

噁心、嘔吐的症狀、程度因人而異。有些孕婦和平常一樣若無其事，有些則是連膽汁、血絲都會吐出。

●噁心、嘔吐的主要症狀：早上起床或空腹，容易有想吐的感覺。聞到味道強烈的菜飯等等，嘔吐得更厲害。

飲食習慣改變，愛吃酸的、重口味的東西，平常喜歡吃的東西變得不愛吃，不愛吃的反而想吃。

口中唾液增加，嚴重的口臭，頭痛、頭暈、便秘、全身痠痛。

若噁心、嘔吐如上所述，身體的狀態無明顯的惡化則是正常的現象，與劇吐有別。

劇吐的症狀：一天吐好幾次，沒有食慾，情緒低落，懶洋洋，身體衰弱。

若有劇吐症狀出現，可能是異常，應儘快看醫就診。

●通常懷孕5～6週後會有噁心、嘔吐的症狀，持續1～2個月。有些孕婦在月經遲來的階段時，已有噁心、嘔吐的症狀出現。

噁心、嘔吐的症狀停止的時期也因人而異，有的孕婦懷孕5個多月了，情緒低潮，依舊想吐。

但一般來說約4個半月左右，噁心、嘔吐的症狀自然消失，食慾不振的情況不藥而癒，食量大增。

不舒服的症狀約持續5～7週，為了胎兒著想，媽媽要加油，努力克服。

引起噁心、嘔吐的原因

噁心、嘔吐的主要原因，是母體對異種蛋白質受精卵的絨毛所產生的反應。

懷孕5～6週，胎兒發育顯著，胎盤的前身絨毛開始大量分泌激素，在懷孕第5～6週至第11～12週分泌最旺盛，剛好也是噁心、嘔吐最嚴重的時期。

聽說此激素具有刺激副腎的作用，引發噁心、嘔吐的症狀。

另外，有些專家認為是活動旺盛的絨毛所引起的。總之，無論噁心、嘔吐的原因為何？媽媽仍要勇敢的克服、渡過這個階段。孕婦無噁心、嘔吐的現象，對胎兒的發育並無不良的影響。

有此一說，噁心、嘔吐的現象是心理因素所造成的。

住院後環境改變，噁心、嘔吐的現象不藥而癒的例子屢見不鮮。神經質的孕婦對懷孕一事總覺得不安、焦慮，且會改變飲食習慣等等，只要稍有症狀出現，就認為很嚴重。奉勸孕婦千萬不要太過神經質，以免矯枉過正。

懷孕期及預產期的算法

懷孕期是十個月，依統計學來看，從最後一次月經期的第1天開始計算的第280天，若以週數計算，則第40週為預產期。懷孕期是以28天為一個月，故稱為懷胎10個月。

預產期是以280天計算，提前或延後2週皆為正常。

知道最後一次月經第一天的月、日，即能簡單的算出預產期。從月數減3或加9，日期加7即得預產期。

但此法適用於月經週期28天的女性，週期比28天長或短的人，多少有些差異。例如月經週期35天型，排卵的期間比28天型的人晚一週，受精或預產期也晚一週。相反地，月經週期比28天短的婦女，預產期必定比按28天週期計算的要早。

以下計算預產期的範例供參考。

	月	日
最後一次月經的第一天	2月	10日
	+9	+7
預產期	11月	17日

	月	日
最後一次月經的第一天	12月	28日
	−3	+7
	9月	35日
	‖	
預產期	10月	5日

舒緩噁心嘔吐的方法

1 轉換心情，運動身體、唱唱歌

孕婦一個人悶在家裏，症狀無法舒解，情緒會更加惡劣。從事自己有興趣的事物或改變家中的簡單擺設、外出散散步等，適度的活動身體，和有懷孕經驗的朋友多聊天等等來轉變心情，效果頗佳。

2 採用「少量多餐」的方式對抗

有噁心、嘔吐的症狀出現時，因胎兒還小，養分的需求量不多。即使將吃下去的東西吐出，也無須擔心胎兒營養不良。但爲了母親的身體著想，選擇自己喜愛的食物，採用「少量多餐」的方式。注意飲食的均衡，等到嘔吐的現象舒緩後，依舊採取「少量多餐」的進食方式也無所謂。

3 不要空腹，可吃冷的東西

孕婦只要空腹，就會不舒服。特別是早上空腹，容易想吐，可以在枕頭旁邊放一些餅乾等零食，醒來時可先吃一些，墊墊胃。半夜若容易肚子餓，可在就寢前吃一些易消化的食物，會比較舒服。

對味道敏感的時候，吃涼一點的東西會比熱騰騰的食物來的好一點，如可將飯做成飯糰，喝一些即使冷掉了也不失口味的湯。

4 多攝取適合自己口味，富含水分的牛奶、蔬果等

一直噁心、嘔吐沒有食慾，會發生脫水的症狀。攝取充足的水分也很重要。諸如多吃適合自己口味的果汁、湯品、牛奶、冰淇淋、水果等。

5 預防便秘

因便秘引起腸內發酵，常有腹部不舒服，特別是懷孕期間，更容易便秘，要注意保持排便的順暢。

爲預防便秘，應多攝取富含水分、纖維質的蔬果。

若便秘很嚴重應就診，不可自行購買服用緩瀉劑等成藥，會有流產的危險。

6 有時外出用餐，轉換心情

大多數的孕婦因噁心、嘔吐無法準備三餐，有時外出到餐廳用餐或回娘家吃一頓飯，亦不失爲轉換心情的好方法。

懷孕期間長，最需要先生的協助。家事能做就做，請先生多體諒，不要自己沉浸在悲傷之中。爲了即將出世的胎兒，先生要協助、體貼太太，共同克服這個階段所帶來的不舒服或不便。

伴隨懷孕而來的各種症狀

除了噁心、嘔吐，懷孕期間母體的各種變化

便秘

女性本來就特別容易便秘，到了懷孕時期便秘的人更多。這是因為懷孕後，分泌黃體激素的影響，更容易便秘。

黃體激素的功能是逐漸緩弛子宮的肌肉，以配合胎兒的生長，讓子宮漸漸的變大，是讓胎兒生長發育不可或缺的荷爾蒙。

但另一方面，黃體激素會使促進腸管蠕動的平滑肌鬆弛，於是腸的蠕動變慢，造成便秘。

懷孕期間容易便秘的另一個原因：子宮變大，壓迫腸道。

多吃富含纖維質的食物，適度的散步、運動、做做簡單的家事。

腰腿疼痛

懷孕初期的噁心、嘔吐階段，常有頭痛的現象，這也是黃體激素所造成的。噁心、嘔吐的現象消失後，自然不會頭痛。

懷孕中期，漸大的子宮壓迫到腿部的神經，造成腿及腰部疼痛。

而且，附著在子宮的圓韌帶因子宮突然的膨脹及壓迫，造成恥骨疼痛。

只要渡過這段時期，這些疼痛自然消失。疼痛發作時，要充分的休息。

痔瘡

痔瘡隨著子宮的增大而出現。原因是子宮增大壓迫到血管，使肛門、直腸周圍的靜脈回流不順暢而腫脹，引起痔瘡。

生產完之後，自然而癒。預防之道：不要有便秘的習慣，保持排便的通暢。

排便之後，要擦拭乾淨。若有嚴重的出血或疼痛，應請醫生診斷開藥擦拭。

斑點、雀斑

懷孕時因激素的作用，使色素沉澱且附著力強，加深斑點、雀斑的顏色。但多數的孕婦在生產完之後，斑點、雀斑自然會消失，所以不用太在意。

預防的方法：外出時戴帽子，不要直接曬到陽光。多攝取富含維生素C、B及優質蛋白質的食物。

腿肚抽筋

懷孕之後，在伸腿的瞬間或晚上睡覺時，常會突然地下肢抽筋，腿部的肌肉痙攣劇痛。這些症狀發生的原因不明，預防之道：加服鈣劑及多攝取牛奶等富含鈣質、礦物質的食物。

靜脈曲張

爲舒緩抽筋，不可長時間的走路或站立，應經常按摩。

小腿肚、大腿、外陰部會浮出綠色、深紫色的細條血管——這就是靜脈曲張。

造成靜脈曲張的原因是：漸大的子宮壓迫到骨盆腔內的靜脈。長時間的站立容易導致靜脈曲張，故應多散散步。

休息時，把腳抬高。嚴重時，束上市面上販售的彈性繃帶或運動用的繃帶。

頻尿

隨著子宮逐漸的變大，壓迫到膀胱，尿意頻繁。

特別是到了懷孕末期，胎兒的頭部壓迫到膀胱，更是尿意頻頻。

若不僅尿意頻繁，小便有血、排尿時疼痛，可能是膀胱炎或腎發炎，應儘速就醫。

●懷孕時除了上述這些不舒服的症狀外，身體會起各式的變化。頭暈目眩、心悸、氣喘、水腫、皮膚粗糙、指甲皸裂、白帶多等症狀，生產完之後自然會消失。

本身有病症的孕婦要特別小心

懷孕中的婦女若病症有劇烈的變化，對母體是雙重的負擔

●以母體的安全為優先

心臟病

母體的心臟負荷過度，造成各種不良的影響

妊娠合併症中，影響最大的是心臟病。

懷孕末期子宮膨大壓迫到胃、肺等器官，心臟的位置也會有些偏離。

而且膨大的子宮也會壓迫到大靜脈，造成回心的血流速度緩慢。

另一方面，因懷孕而使血液量增加，對心臟造成雙重的負荷。

故孕婦併發心臟病時，心臟科的醫生與婦產科的醫生要保持密切的會診，以幫助孕婦安全度過懷孕期。

●有些心臟病患者的日常生活和正常人一樣沒有什麼特別的症狀，只看檢查的結果，也不是挺嚴重的，但有時身處靜態，就會有呼吸困難的情形。心臟病的症狀依程度可分爲４大階段。

●最嚴重的症狀例如：氣喘不已，無法入眠，口中不斷地冒出白沫。若有上述的症狀出現時，是相當危險的。要特別的小心注意，必須遵照醫師的指示，若症狀加劇，恐有奪走性命的危險。最好不要懷孕，若懷孕了，必須在早期即施行人工流產手術。

●**本身有病症的孕婦須小心注意**

本身已有病症再加上懷孕，發生合併症時，會對母體造成何種影響？

孕婦應注意下述各點：

懷孕中的母體會有劇烈的變化。特別是過了懷孕中期—７個月之後，子宮明顯地脹大壓迫到胃、腸，心臟的位置也會稍微的偏離，由於肺也受到壓迫，亦會影響呼吸的順暢。

且由於胎盤分泌激素的影響及爲潤滑子宮、胎盤而增加的血液量等等都會加重母體的負荷。故生產完之後，也須考量母體恢復原樣的過程所帶來的負擔。

在母體劇烈變化之際，合併症的反應因人而異，務必與醫師詳談。在此僅簡單的介紹必備的相關知識。

●若症狀輕微，可用外科手術治療者，在懷孕或生產時就無後顧之憂了。

●心臟病的症狀又可分爲好幾類。

平常只要稍微的做做事，立即發病的婦女，在懷孕至生產的階段，必須顧慮的事項非常之多。

患有心臟病的孕婦，多數都會掙扎到底要不要生？或做人工流產手術？

以下是筆者的建議：

首先，請心臟科的醫生與婦產科的醫生密切會診，研判生產的可能性，但要以母體的安全爲最高原則。

在預產期之前先住院，在萬全的準備及孕婦的最佳狀態下生產。

生產之後，必須仔細觀察母體的變化。

總之，心臟病是妊娠合併症中最嚴重的病症。

●不可輕忽 肝臟病

妊娠激素造成的黃疸及感染B型肝炎

懷孕期間，胎盤分泌比平常多數百倍的副腎皮質激素，對肝臟造成很大的負擔。

症狀因人而異，有些孕婦眼白呈黃色，漸漸地會出現黃疸。但這些症狀在生產完後，會自然消失。

另外，在輸血後出現黃疸、肝炎。

因病毒所引發的肝炎，若輸血者的血液中含有HB抗原的病毒（B型肝炎的病毒），就會發生併發症。近來，已不使用含有HB抗原病毒的血液，故因輸血感染肝炎的機會大爲減少。

但令人憂心的是，若母體是HB抗原病毒的帶菌者，經產道而出的胎兒若接觸到母親的血液容易受到感染。若嬰兒感染到HB抗原病毒，並不會立即發病，是病毒的帶菌者，將來有發病的可能。

若爲女嬰的話，因長大懷孕，會將病毒傳給下一代。

母親若爲HB抗原病毒的帶菌者，在懷孕、生產期間不須擔心。但是將來母親可能會發病，故要持續追蹤肝功能的檢查。

因懷孕分泌激素而引發的黃疸及感染病毒性的肝炎，對懷孕或生產並不會有很嚴重的影響。

●特別注意

糖尿病

孕婦併發糖尿病，會生出發育不全的巨嬰

糖尿病又稱爲生活習慣病，多在中年以後發病，所以年輕的媽媽們大多認爲此病與她們無緣。

但此病的遺傳性很強，有此遺傳基因的婦女，可能會因懷孕而發病。父母親若有糖尿病的人，平常就要追蹤、檢查。

●孕婦若患有糖尿病，容易生出巨嬰。所謂巨嬰是指出生時的體重超過四千公克。

一般出生的嬰兒體重超過四千公克，無須擔心，但因母親併發糖尿病而生出的巨嬰，問題就多了。胎兒的身體過大，胰臟機能發育不全，其他的器官也不健全，胎死腹中、出生時或出生後隨即死亡的案例也不少。

一般正常的生產，生產前後嬰兒的死亡率（周產期死亡率），平均在1%以下，但是母親本身有糖尿病的情況下，周產期死亡率約爲10%，也就是說10人當中會有1人喪失嬰兒。所以患有糖尿病的孕婦要特別小心留意。

●孕婦每個月至少要做一次以上的尿液檢查，看看尿液中有無蛋白質、糖類等，在檢查妊娠中毒症的同時，也順便檢查有無妊娠糖尿病。

尿糖呈陽性反應的孕婦出乎意料的多，這些孕婦大致上沒有糖尿病。懷孕中期之後，腎臟的指數會不穩定，吃完飯後，會出現暫時性的糖尿，但不須要擔心。

這種吃完飯後才會出現的糖尿病和眞正的糖尿病不同，經檢查即可判別。

檢測空腹時的尿糖、血糖、糖負荷，即可知血液中糖分的變化。

孕婦上一胎若生出巨嬰或胎死腹中、家族有糖尿病史等，應接受醫師的治療與建議，才能順利迎接母子均安的生產到來。

●年輕時生產

慢性腎炎

孕婦即使有蛋白尿，也能平安地生產

腎臟病合併症是妊娠中毒症之一。孕婦容易得到的妊娠中毒症：如懷孕初期的劇吐及中期之後的浮腫、高血壓、蛋白尿等，會導致早產或死產，嚴重的話，孕婦會痙攣、休克，危及母子的生命。

●本身患有腎臟病的孕婦幾乎都會得到嚴重的合併型妊娠中毒症，必須十分小心。

依病情的程度來看，若孕婦本來就有糖尿病性的腎病、腎臟炎、腎盂腎炎等病，最好和腎臟科的醫師詳談，再決定是否懷孕。

●若原本是慢性腎炎，出現蛋白尿，但胎盤無異常的話，這種情形與妊娠中毒症不同，胎兒會發育正常，胎死腹中的機率很小，順產的案例很多。

筆者常常被問到：「血壓正常，但是有蛋白尿。這樣可以懷孕嗎？」在檢查腎臟之後，能懷孕的機率很高。

但是，也可能在懷孕期間併發嚴重的妊娠中毒症，所以必須小心以對。

內科的醫師與婦產科醫師要密切的配合，且須經常仔細的檢查。

●對有蛋白尿，便放棄懷孕的婦女，醫師不贊同在懷孕初期即施行人工流產。

即使沒有併發症，妊娠中毒症好發在高齡產婦身上，故應在年輕時懷孕生產。

亦希望腎臟有問題的婦女，在年輕時期即懷孕生子。年紀越大，老化的速度加快，對懷孕會產生不良的影響。

●有腎臟病的婦女，在懷孕期間，要有如提防妊娠中毒症般的小心謹慎。

●懷孕後較易發現

高血壓

保持身心的安定，留意少鹽及高蛋白質的攝取

因懷孕而出現的高血壓是妊娠中毒症，與眞正的高血壓稱爲妊娠高血壓合併症不同。

懷孕後期檢查出有高血壓，很難判斷此症狀是在懷孕之前即有，或懷孕初期才有。所以很難斷定這是妊娠中毒症，或是妊娠高血壓合併症。

妊娠中毒症是胎盤病變，胎盤的功能不良，所以導致胎兒沒有發育或發育不良。

但是本身有高血壓的孕婦，若胎盤的功能健全，也能順利的孕育胎兒，與妊娠中毒症不同且難以判別。

眞正的高血壓（原因不明，可能是遺傳）與妊娠中毒症的後遺症或腎炎後遺症的高血壓，皆可視爲懷孕前的高血壓。但任何一種高血壓皆會爲孕婦帶來妊娠中毒症，平常孕婦即要小心注意。

知道懷孕後，首先努力的安定身心，嚴格控制鹽分的攝取，規律的生活。如此一來，便能平安的渡過懷孕期順利產下寶寶。

本來在懷孕前若發現有高血壓即應治療，但是年輕的婦女對於高血壓常掉以輕心，因爲症狀不明顯，很難發覺。

很多孕婦在第一次產檢時才知道自己原來有高血壓，但是若注意不要罹患妊娠中毒症，安全孕育胎兒，順利產子的機率很高，無須即刻、輕率地實施人工流產。請遵照醫師的指示，謹愼小心的研判。

●不可掉以輕心

其他疾病

必須避孕及早期治療的疾病

結核病

結核病往昔又被稱為國民病，是一種流行性的傳染病。可用抗生素或手術治癒，目前幾乎已銷聲匿跡。

但是並非完全絕跡，不可掉以輕心。感染結核病，結核菌隱藏在痰裡面，在未治癒前請務必避孕。嬰兒出生後可能會被傳染且母親本身在生產完後，病情會更加惡化。

胃腸病

懷孕期間容易罹患的疾病。初期的噁心、嘔吐，常被誤診為胃炎，事實上並非誤診，因噁心、嘔吐也會引發出血性的胃炎。

便秘似乎與孕婦如影隨形，膨大的子宮壓迫到腸胃、激素影響腸胃的蠕動，導致容易便秘。

注意飲食及適度的運動和規律的生活是改善便秘的良方。

與便秘相反的腹瀉，會引發流產或早產，必須小心注意。子宮肌與腸道肌雖然所在的地方不同，卻是同性質的平滑肌。腸道肌病變會引起腹瀉，同理可證，子宮肌病變也易引發異常的症狀。因此，嚴重的腹瀉引發流產、早產的案例屢見不鮮。

痔瘡

脫肛、痔瘡多發生在懷孕後期。漸大的子宮壓迫到直腸，造成周圍血液不流通所致。生產完後治療2~3週即可痊癒。

闌尾炎

發生闌尾炎（盲腸炎）的比率不高，但懷孕期間可能引發各種不同的症狀，建議儘早手術切除。懷孕期若闌尾炎發作，由於子宮膨大，會弄不清楚到底哪裡痛，無法正確地診斷出病症。

而且闌尾炎會使白血球的數目增加，這也是診斷的線索之一。

甲狀腺的疾病

婦女若有甲狀腺的病變，則較不容易懷孕，一懷孕便容易流產或早產，引發妊娠中毒症及生產時的大出血。

女性病患在未治癒之前，請避孕。即使治癒後，要不要懷孕？最好先與醫師詳談之後再作決定。

孕期的卵巢囊腫及子宮肌瘤

懷孕初期的產檢發現囊腫、子宮肌瘤

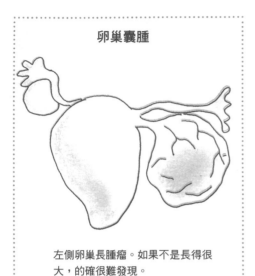

良性腫瘤放置不管，也會有危險

卵巢囊腫

原則上是動手術切除

正常的卵巢左右對稱，大小如大拇指，但不知為何？卵巢的一邊或兩邊會長出腫瘤，有時候甚至大如嬰兒的頭。

卵巢囊腫

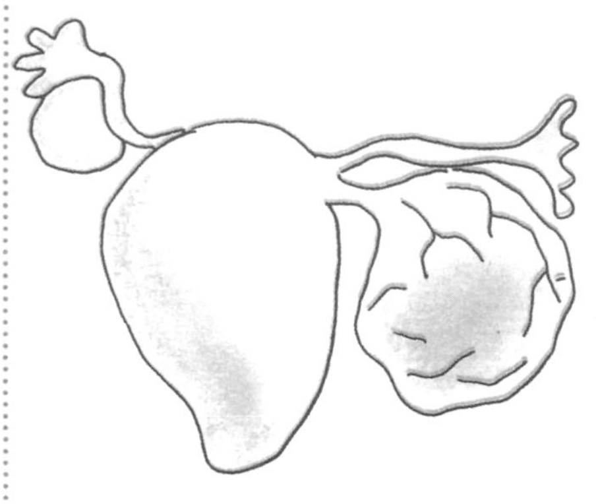

左側卵巢長腫瘤。如果不是長得很大，的確很難發現。

腹部會腫脹，但無法由外觀發現卵巢囊腫，要經內診才能知道。如果是孕婦得到卵巢囊腫，可以想見不安、害怕之情油然而生。

卵巢囊腫若是惡性腫瘤的話，會腫脹的更大，但一般都是良性的。若不妥善處理，囊腫不但會越來越大，且腹部會積水，使身體日漸衰弱。

而且卵巢囊腫長在卵巢的底部，引發下腹部疼痛，阻礙血液的流通，使卵巢的組織壞死，恐危及母子生命，應儘早手術切除。

發現卵巢囊腫，原則上應手術切除，以確認囊腫為良性或惡性，如果是良性，則可稍微寬心。

卵巢左右各一個，切除一方，若另一方正常的話，亦會排卵，仍有懷孕的可能。

自然消失

有時卵巢囊腫在孕期中會自然消失。也曾出現如下的個案：懷孕2～3個月，發現了如拳頭般大的囊腫，但過了懷孕的第4個月後，竟然消失，回復正常，這種囊腫稱為黃體囊腫。

卵巢受腦下腺垂體前葉所分泌的黃體成長激素的刺激而排卵。

受精卵在子宮壁著床，胎盤形成，胎盤分泌類似黃體成長激素的絨毛性激素，在懷孕初期大量分泌，孕期4～5個月左右就減少了。

總之，過了孕期4個月即消失的黃體囊腫，是因絨毛性激素所產生的，隨著絨毛性激素的減少，黃體囊腫自然消失。

孕期4個月左右最適合動手術切除卵巢囊腫

手術摘除一邊的卵巢也能安全地懷孕。但最好先確認胎兒的心音，在懷孕的第4個月初進行切除卵巢囊腫的手術。因此時期胎兒才逐漸發育，母體的麻醉、注射對胎兒較無影響，也無流產的危險。

子宮肌瘤

個案討論，以決定是否動手術

孕期動子宮肌瘤的手術，平安順產的個案很多

所謂肌瘤，是指子宮肌纖維長出良性的腫瘤。腫瘤長在表面稱爲漿膜下肌瘤，長在肌肉中稱爲肌層內肌瘤，長在子宮內膜稱爲粘膜下肌瘤。

又因長肌瘤的地方、大小及數量造成懷孕中期自然流產，若肌瘤會引發習慣性流產，則應動手術切除。

懷孕時有很多孕婦才發現自己長肌瘤，這種情況要視長在哪裡、大小、數量的多寡及過去的病歷等，做一綜合性的診斷之後再決定要不要動手術，無共通性的方法，皆以個案方式處理。

大多不主張將子宮摘除。在懷孕中期前必須手術切除造成習慣性流產的肌瘤，之後通常都能平安順產。且進行肌瘤刮除手術後，能自然分娩的個案也不少。

有些長肌瘤的個案，經專科醫師診斷後可以不必切除。

有些肌瘤在生產完之後，自然萎縮，不會變成惡性腫瘤。

長肌瘤的原因是女性激素所造成的？

子宮肌瘤在懷孕前可經由下述的線索發現：經血過多、貧血、經痛、過大的肌瘤壓迫造成的頻尿或慢性便秘。

長子宮肌瘤的原因不明，認爲與卵巢分泌的女性激素有關。

懷孕後，胎盤分泌大量的女性激素，肌瘤也隨著長大，分娩之後，沒有了胎盤，肌瘤也隨之消失。更年期停經後，不分泌女性激素，肌瘤不會長大。

爲預防子宮肌瘤，體內不可有過多的女性激素。應注意有些口服避孕藥含有高濃度的女性激素，若長期服用，會使子宮肌瘤變大。

子宮肌瘤發生的部位及種類

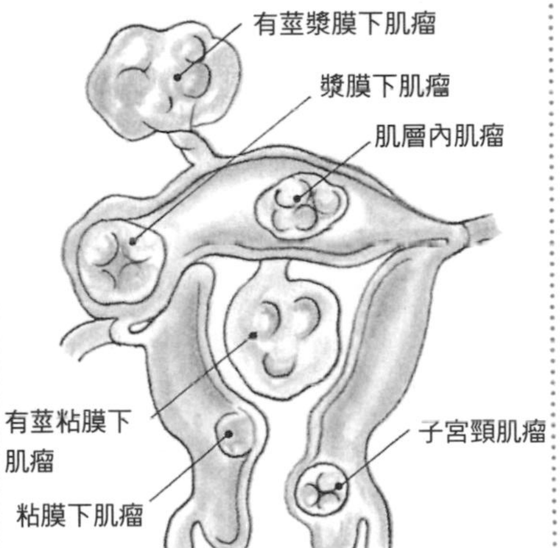
有莖漿膜下肌瘤
漿膜下肌瘤
肌層內肌瘤
有莖粘膜下肌瘤
子宮頸肌瘤
粘膜下肌瘤

可怕的子宮外孕及葡萄胎

懷孕初期異常狀況最多，流產次之

子宮外孕

懷孕初期出血及腹痛是可能的前兆

多發生在輸卵管

懷孕是卵子受精後著床，若在子宮口著床即爲異常。但有的受精卵也會在輸卵管著床發育。

子宮外孕最具代表性的位置即是在輸卵管著床，有時著床在子宮頸、卵巢、或腹膜等處。

以下詳述在輸卵管著床的子宮外孕。

輸卵管顧名思義，是卵子通過的細小管道，管肌薄，受精卵若在此處著床，不能順利發育。輸卵管尚能容納肉眼無法看到的胚胞，若胚胞漸大，輸卵管無足夠的空間培育。

隨著胚胞逐漸變大，撐破輸卵管，造成胚胞剝落流產。

輸卵管破裂或胚胞剝落，會引發大出血，造成休克。

很多孕婦在懷孕初期腹部尚未變大或甚至不知自己已懷孕，強忍住劇痛，慌張的跑到婦產科，看診之後才知道是子宮外孕，輸卵管破裂引發腹腔內的大出血。

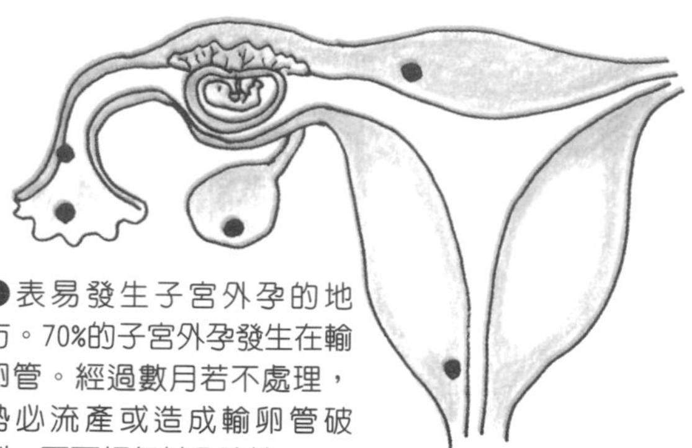

●表易發生子宮外孕的地方。70%的子宮外孕發生在輸卵管。經過數月若不處理，勢必流產或造成輸卵管破裂，不可輕忽其危險性。

勿輕忽嚴重病況的前兆

輸卵管破裂時的主要症狀：突然感到腹部劇痛、冷汗直流陷入休克的狀態。

由於症狀很明顯，應儘快地輸血或打點滴並進行手術。

初期的症狀：少量的出血、輕微的腹痛。有時候下腹疼痛，出血量像經血，若持續幾日或幾週，可能是子宮外孕。

懷孕之初的異常狀況多被視爲子宮外孕或流產的前兆。在未發覺懷孕時，出現此類的異常狀況亦不足爲奇。

所以即使有症狀，但是否爲子宮外孕，在懷孕初期很難診斷出來。筆者對於此種異常狀況，都以這兩句話做爲把關的口頭禪及合理的懷疑：「女病患則問她是否懷孕」、「若懷孕了，則懷疑是否子宮外孕」。即使是婦產科醫師，也很難診斷出早期的子宮外孕。

但是，近來藉著超音波斷層掃瞄能及早發現，只要有輕微的症狀出現，即能立刻診療。

腹部劇痛應及早就醫

卵巢破裂會危及母體的安危，為以防萬一，應儘速叫救護車送往設備良好的醫院救治。

須經醫師許可，才能確保下次懷孕的安全
葡萄胎

懷孕初期子宮異常的變大

構成胎盤的絨毛組織異常的增生，在子宮內到處都是起一粒粒的泡泡，形狀像似葡萄，故稱為「葡萄胎」。

懷孕初期子宮異常膨大，劇烈的噁心、嘔吐，雖然子宮變大，卻不是因為胎兒發育所造成的。

會習慣性的出血，約3～5個月左右葡萄胎佔滿子宮，會流產並伴隨大出血。

大出血中夾帶著少量褐色的血塊，會流出如鮭魚卵狀的顆粒。

葡萄胎

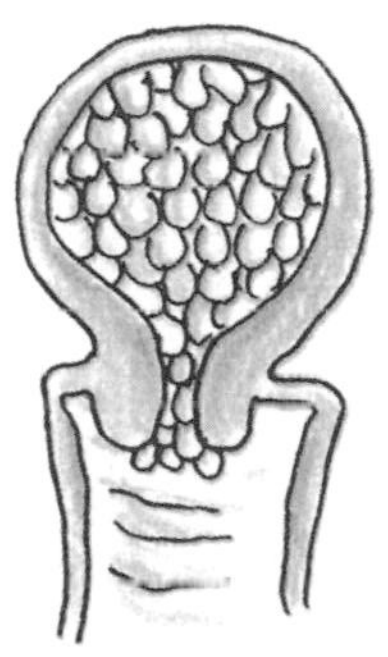

進行手術摘除葡萄胎

若診斷出是葡萄胎，可以刮除術刮除。這類異常的可怕之處，在於殘留病變的絨毛，會造成惡性腫瘍，故要完全清除乾淨，須進行2～3次的刮除手術。

知道是葡萄胎應即刻住院治療，為防止惡性腫瘍，必要時須摘除子宮。

順利完成刮除手術後，仍須接受藥物治療。追蹤檢查尿中的激素2～3年，看有無異常，此段時間必須避孕。必須經主治醫師同意才能再懷孕。

葡萄胎刮除後，令人憂慮的惡性腫瘍是絨毛皮腫所引起的。有時正常的懷孕或流產也會引發絨毛皮腫，但發生葡萄胎的孕婦，其發生絨毛皮腫的機率是一般孕婦的5～10倍。原本是在子宮的絨毛組織病變，不久會轉移到肺、肝臟、腦、全身，是擴散率很快的癌症。故懷有葡萄胎之後，必須要確實遵照醫師的指示，嚴密的追蹤病情。

預防流產

懷孕初期最危險，不要逞強，輕鬆愉悅的過生活

主要症狀

暗褐色的出血及持續性的下腹陣痛

以下是流產、小產的症狀。

出血　多數的症狀是先出血，隨著劇烈的疼痛而大量的出血。不久子宮內的物質全部流出來，即停止出血，只要子宮內的東西沒有排乾淨，仍會持續出血。血的顏色不是鮮紅色，是像巧克力的暗褐色。

疼痛　在懷孕初期的前幾週，疼痛不是很劇烈，漸漸地會越來越痛。剛開始會覺得下腹脹脹的，腰部痠痛，不久出現持續且規律的間歇性陣痛，與胃腸不舒服的腹痛不同。

有異物　有胎動之後的流產，胎動消失，但總覺得腹部有異物。

流產依程度、症狀可分為下列各型：

完全流產　子宮內部的物質全部流出。

不完全流產　胎兒流出，但胎盤還在子宮內，持續地出血。

先兆流產　流產的前兆，胎兒還在子宮內，可安胎保住胎兒。

進行性流產　下腹部劇烈疼痛，大出血，子宮口已開。

若有3次以上的自然流產，稱為習慣性流產或反覆流產。

治療

保持鎮靜，搭車到醫院治療靜養

流產的徵兆有時突然出現，有時緩慢進行。

首先會有腹痛或出血的症狀，懷疑是流產時，應先躺下並保持鎮靜。若開始出血，應立即前往醫院就醫，檢查是否只是出血或者是有

疲累時不要勉強做家事，放鬆心情，愉快生活。

其他物質流出。

剛開始的流產即先兆流產，要靜養觀察，必要時住院治療。若無法保住胎兒，要將子宮內的異物清除乾淨。

將雙腳一前一後斜站著做事。
拿重物時，先將一腳的膝蓋彎曲蹲下。
跪在地板上擦地。

預防

及早確定已懷孕，讓身心保持平靜

爲預防流產，應及早確定已懷孕的事實。受精後著床到形成胎盤的14～15週，是最危險的時期。若早知懷孕的話，即可提早預防。

下述是懷孕時期應特別遵守的事項：

①避免過度勞累，充足的睡眠。
②預防感冒、腹瀉、便秘。
③舒解壓力，輕鬆愉快的過生活。
④不可提重物。
⑤不可久站做家事。不可久站搭捷運或公車。
⑥上、下樓梯要小心。
⑦避免激烈的性生活。
⑧希望職業婦女最好能變更工作的內容或上班時間。
⑨有習慣性流產或前一胎流產的婦女，懷孕前應先檢查子宮。
⑩節制游泳或旅行。

造成流產的原因

上、下樓梯要小心。穿低跟舒適的鞋子，一階一階慢慢的走。

不可逞強提、抬重物。請先生幫忙。

避免長時間搭乘搖晃的車子上班或旅行。

注意

為避免習慣性流產，懷孕前請至醫院檢查

初期流產的原因不明，亦不可怠忽，否則恐引發意想不到的後果。有可能懷孕的婦女，先量基礎體溫，及早得知是否懷孕。

確定懷孕之後，日常生活要保持愉快的情緒，不要過度操勞。

有習慣性流產或前胎流產的婦女，可經醫師診療後，服用黃體激素或動情激素。

均衡的飲食，規律的生活。孕婦要特別多攝取富含維生素E、B等的食物。

因骨盆易充血，要避免辛辣的佐料。不可從事激烈的運動或長時間保持同一姿勢，舒緩緊張的工作壓力。

特別是有習慣性流產的婦女，在懷孕之前，最好前往醫院檢查子宮的狀況。

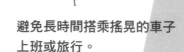

其他　懷孕初期及中期流產的原因不同，預防及治療的方式各異

不管流產的原因爲何，預防流產須具備下列的常識。

初期多為原因不明的流產

懷孕的前8週流產的機率很高。75％的流產多發生在懷孕的前16週，且其中的75％大都發生在懷孕的前8週。

此外，十幾歲及近更年期的孕婦較容易流產。

懷孕初期的流產原因不詳，多爲自然流產，應及早預防。

懷孕中期流產的原因眾多

懷孕中期的流產，因胎兒已發育，性質像早產。

主要的原因出在母親身上，例如：跌倒、撞到等外來的衝擊、性交以及子宮頸無力症、子宮肌瘤等。

其他諸如梅毒、德國痲疹、弓漿蟲症、缺乏維生素、營養不足、甲狀腺機能亢進、糖尿病、壓力等都是造成流產的原因。請向婦產科醫師諮詢，不可自己鑽牛角尖，自尋煩惱。

手術改善子宮頸無力症

有些孕婦到了懷孕中期就會流產。

造成習慣性流產或反覆性流產的代表性原因都是子宮頸無力症。

就好像錢包口鬆掉，裏面的東西通通都跑出來一樣，胎兒的體重到了某一程度，會弄破胎膜造成破水而流產。

治療的方式：在鬆弛的子宮口以膠帶縫縮。

但是手術不一定100％成功，第一要務便是安胎不可亂動，平靜的休養到生產。

懷孕初期的習慣性流產並非子宮頸無力所造成的，故無法以手術治療。

若是子宮肌瘤或子宮異常所造成的流產，可經手術治療。

和醫師商議之後，再決定要不要動手術。

懷孕中期造成習慣性流產的原因：子宮頸無力症

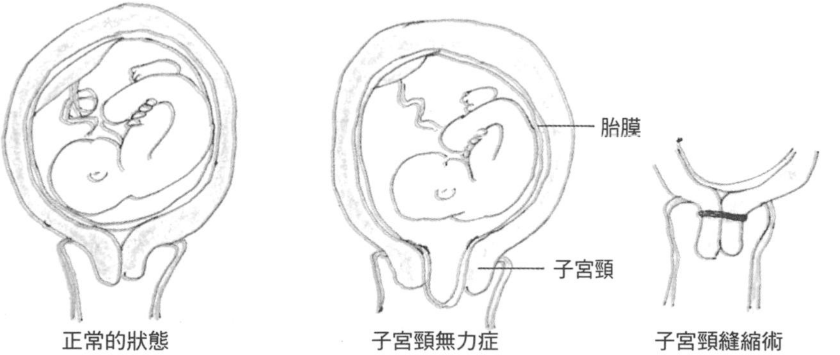

遠離藥物、X光線、德國麻疹

懷孕初期需特別謹慎、注意的事項

藥物　懷孕初期擅自服用藥物會影響胎兒的生長

懷孕初期前3個月，受精卵細胞不斷地分裂，是胎兒器官及臟器形成的重要時期。

此時期若受到外力的干擾，會使細胞分裂異常，產生畸形的胎兒。而這些外力通常是指亂用藥物、X光線及感染病毒等等，其中最具代表性的即是藥物。

近來，只是小小的感冒就吃抗生素的人越來越多，孕婦千萬不可輕忽藥物對胎兒的影響。孕婦常在不知自己已懷孕的情況下服用藥物，所以，希望有可能或有計畫要懷孕的婦女，平時就要特別謹慎用藥。

孕婦用藥須注意的事項，彙整如下：

感冒藥　市售的感冒藥含有奎寧，會促進子宮的收縮。在懷孕初期要特別留意。即使是懷孕末期，亦不可掉以輕心，因為感冒藥含有危害胎兒的成分，故必需服用經醫生處方的感冒藥。

瀉藥　有些孕婦因便秘而吃瀉藥。藥效強勁的瀉藥是導致流產、早產的主因，要在醫生的指示下才能服用。

維他命　維他命雖是孕婦必備的營養素，但除了維他命C或B之類的水溶性維他命之外，補充其他的營養劑反而會適得其反，造成身體的負擔。維他命之類的營養素，平時從飲食中攝取即足夠。

其他如鎮靜劑、整腸劑等，在日常生活中會不經意地服用，所以在懷孕時期，更要加倍注意，時時提醒自己。

不可隨便服用市售的成藥

X光線　必須照射時，醫師做好萬全的防備，但真能放心嗎？

雖然目前仍無法預測胎兒接受多少次X光照射，會變成畸形兒，但X光對胎兒的影響仍不可小覷。

和藥物相同，對X光的檢查要謹慎爲之。特別是在婦女不自覺已懷孕的情形下，接受X光的照射。將懷孕嘔吐視爲胃腸病，而去看內科，等照了X光檢查之後，才發現自己懷孕了，開始憂慮X光線對腹中胎兒的影響，恐怕爲時已晚，所以有可能懷孕的婦女常要想到自己是否已懷孕了。

醫師方面，雖然不是婦產科的醫生，但在用藥或做檢查時，都會詢問婦女：「妳有無懷孕？」等，嚴加把關。總之，自己的身體健康應由自己注意，不可仰賴他人，如此就不會有不必要的擔憂。

但是遇到孕婦必須要用X光線檢查時，首先要知會醫生，採取萬全的對策，並做好下半身的保護措施，如此一來，即可免去無謂的擔心。

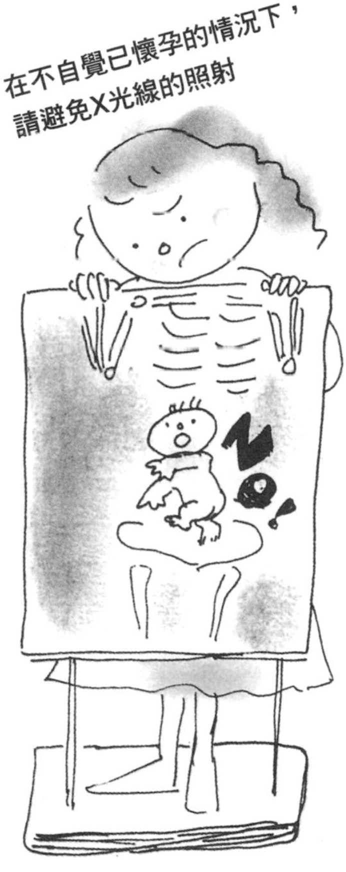
在不自覺已懷孕的情況下，
請避免X光線的照射

德國麻疹　懷孕初期感染病毒會引發先天性異常的可怕病症

懷孕初期，除了對藥物、X光線要注意之外，亦不可輕忽病毒的感染。其中，德國麻疹病毒經證實會造成胎兒畸形。

先天性異常　懷孕初期感染德國麻疹，會使胎兒產生先天性異常的病例，雖然病症不多，但經醫學臨床報告的即有先天性白內障、心臟畸形、聽覺障礙等等。

若病毒侵襲中樞神經，會造成腦性麻痺、小頭症。

懷孕初期，德國麻疹病毒對胎兒所造成的侵害最大，諸如畸形或先天性異常等等。

症狀　德國麻疹俗稱三日麻疹，好發在幼童時期。

德國麻疹的主要症狀：發燒、出疹子、淋巴結腫大等。

德國麻疹的病毒和感冒、麻疹一樣會傳染，孕婦千萬不可靠近德國麻疹的病患。

抗體　一旦感染到德國麻疹，痊癒後會產生抗體，終身免疫，已發病過或已接種疫苗的孕婦，應可安心地產下健康的寶寶。

抗體的檢查　孕婦檢驗之後就可知道本身有無抗體。抗體的檢查只要抽3ml左右的血液測量紅血球集抑制抗體價(HI價)。此HI價若高達8倍以上，表示體內有抗體。

檢查的結果，HI價在8倍以下者，即呈陰性反應的孕婦，注意不要感染德國麻疹，懷孕期間必須做數次的抗體檢驗。

小心醫院裡的德國麻疹患者。懷孕前須接受檢查，若無抗體，須接種疫苗。接種後2個月必須避孕。

若是抗體檢驗呈陰性的孕婦，在懷孕前四個月感染德國麻疹，應與專科醫師商談，決定是否繼續保有胎兒。

HI價在8倍以上，呈陽性的婦女，不知道在懷孕前是否體內已潛伏德國麻疹的病毒，應每隔2週即做一次檢查，連續做2次以上。若第2次HI價比前次測定的高4倍以上的話，表示孕婦的抗體是在懷孕後感染產生的。

HI價沒有變動的孕婦，即呈陰性反應，表示在懷孕前母體即潛伏德國麻疹的病毒。即使懷孕第6個月以後發病的孕婦，無須擔心胎兒會有異常。

預防接種　德國麻疹的疫苗是使用活體疫苗，孕婦不可接種。有可能懷孕的婦女，在接種德國麻疹疫苗之後的2個月內絕對不可以懷孕，請務必避孕。

HI價呈陰性反應的婦女，在產後確定不立即再懷孕的情況下，可接種德國麻疹的疫苗。爲下一胎做好萬全的準備，請事先接種疫苗，讓母體產生抗體。

除了德國麻疹之外，孕婦須提防感染的病症如下：

對由寵物傳染的弓漿蟲症、藉由母乳感染的T細胞白血病、近來感染率直線上升的披衣菌所引發的病症，以及流行已久的梅毒、愛滋病、病毒性的肝炎、疱疹等等，皆不可掉以輕心。

這些病症皆可事先防範，不可心生畏懼，詳聽主治醫生的說明，接受各種必要的檢查及治療。孕婦本身要有做好預防的心理準備。

第2部
懷孕中期

與胎兒配合良好嗎？

懷孕中期的健康管理是邁向後期的重要關鍵

懷孕中期的胎兒及母體

第4個月 滿12～15週

子宮大如幼兒的頭。
胎兒的身長約18cm，體重約120g。
在母親的腹中吸吮指頭。

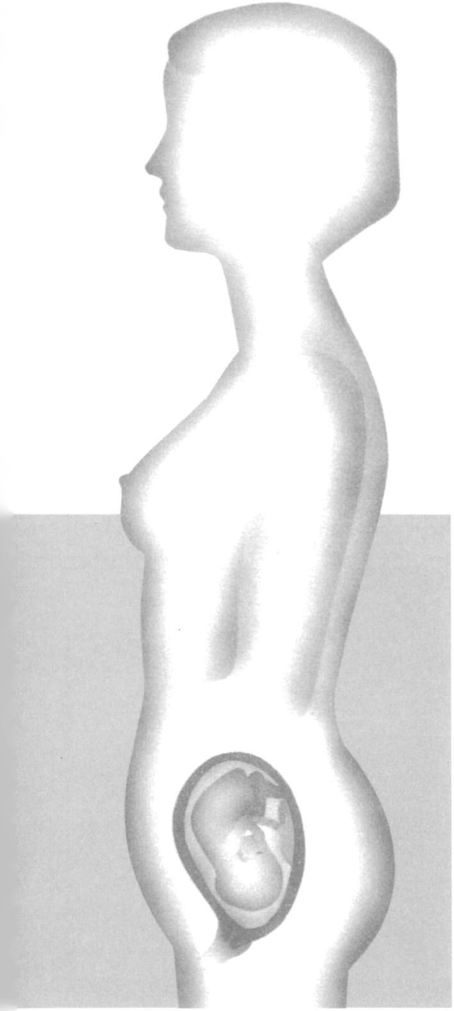

（懷孕中期的生活方式影響懷孕後期）

懷孕中期是指第4個月初到第7個月初，即懷孕的第12週～27週。有些孕婦在此時期的前段，仍有嘔吐的現象。

預防流產、早產、妊娠中毒症等的健康管理是本期的重要事項。健康管理應十分注意異常的出血，因其是前置胎盤、流產、早產的徵兆。預防過度肥胖、調養好身體，不要做粗重的工作及避免出遠門，如此即可平安的度過懷孕中期。

（積極參加準媽媽教室）

隨著腹部的逐漸膨脹，開始出現輕微的便秘、腰痛等，也是母體要適應不舒服的時期。

此時的健康管理非常的重要。請參加準媽媽教室學習正確的懷孕及生產應具備的知識，做好順利迎接寶寶誕生的準備。若有異常或情緒不安，應早期發現早期治療或做好適當的處置，即可安心地度過懷孕後期。

第5個月 滿16～19週

子宮底長13~18cm。
胎兒的身長約23~25cm。
體重約250~300g。

第6個月 滿20～23週

子宮底長達肚臍的上部。
胎兒的身長約30cm。
體重約640g。

第7個月 滿24～27週

腹部明顯脹大。
胎兒的身長約35cm。
體重約1kg。

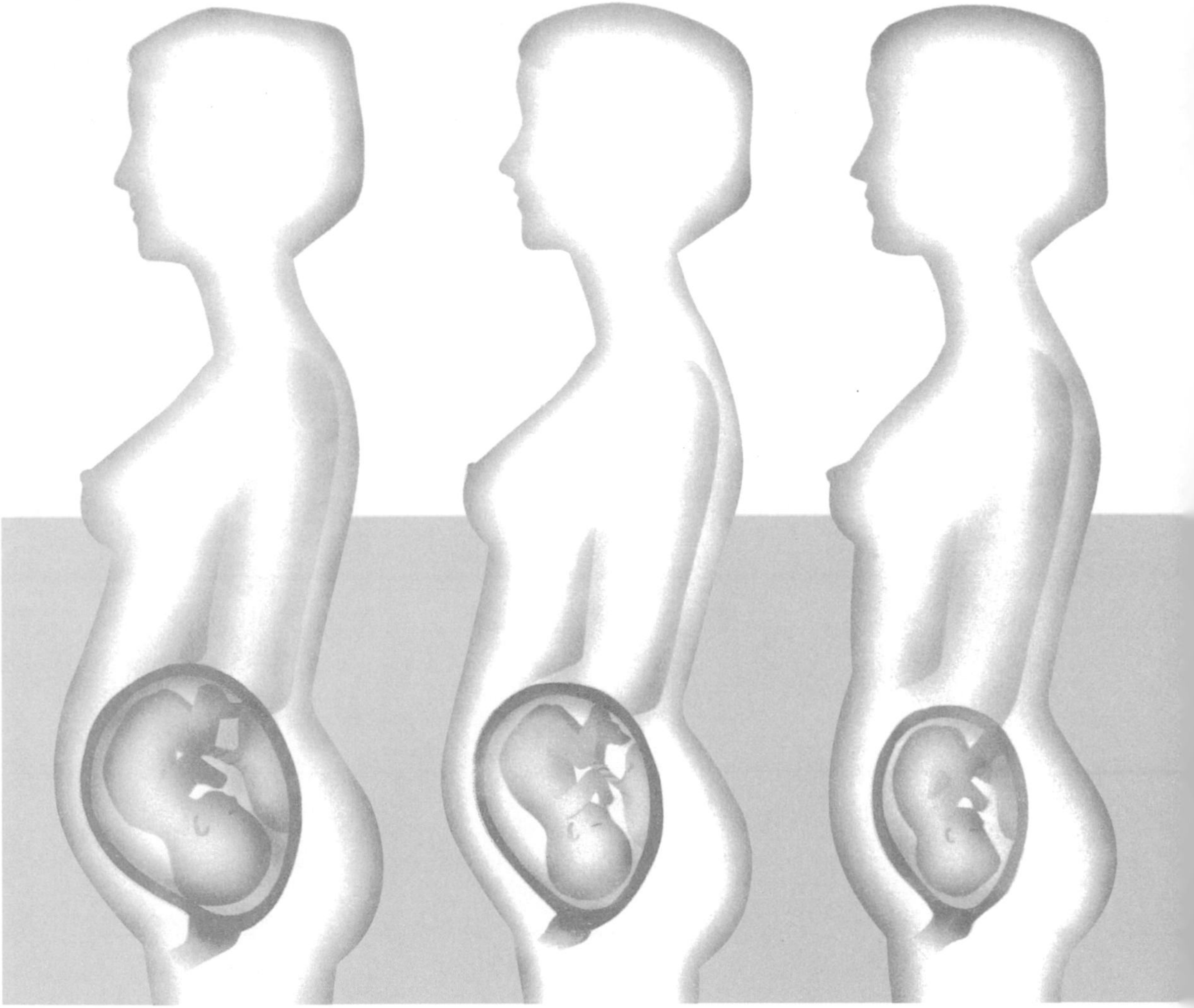

懷孕時期容易貧血

症狀 粘膜、皮膚慘白，心悸、暈眩，站起時頭暈目眩。

心臟比正常時跳動的更快，易引起心悸。

長時間的站立，易暈眩。

一下子站起來，會頭暈目眩。

臉色發白，指甲、內眼瞼變白。

貧血易引發下述症狀

孕期貧血，帶給母體各種不良的影響。

●首先，生產時會有出血的危險。原本即有貧血的婦女，生產時的出血量約800㎖，和健康孕婦的出血量差不多，對母體沒有明顯的不良影響。若是異常的分娩，會危及貧血症的母體，發生呼吸困難或休克等。

●貧血的孕婦，懷孕時易引發妊娠中毒症。妊娠中毒症會對母體及胎兒產生各種可怕的病症。

●貧血的孕婦，產後恢復的較慢，懷下一胎時，貧血的症狀仍會出現。

●雖說胎兒與母親貧血與否無關，但胎兒從母體的血液獲得鐵質，以製造自己的血液。有嚴重缺鐵貧血症的孕婦，所生下的嬰兒，一般都無法從外表看出嬰兒是否有貧血，必須經過檢查才能知道。

預防及治療

懷孕前、孕期中、產後皆要從飲食中攝取均衡的鐵質。

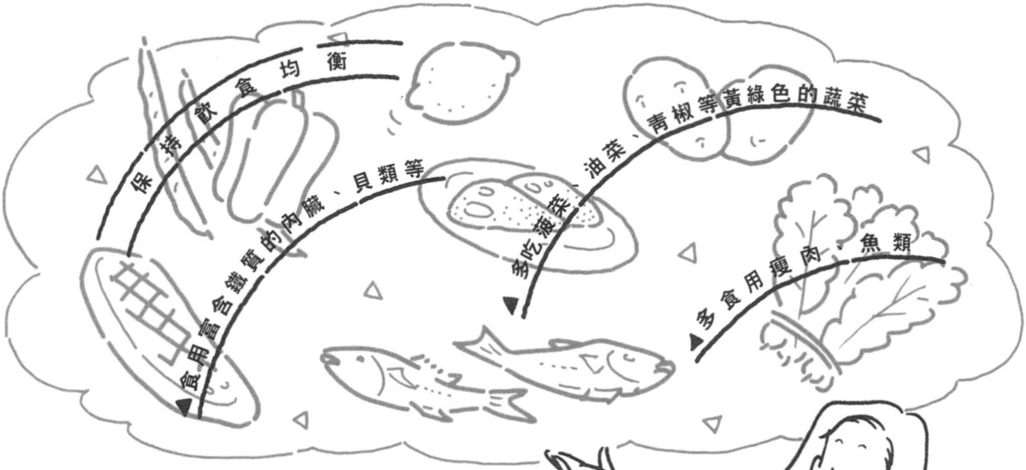
保持飲食均衡
食用富含鐵質的內臟、貝類等
多吃菠菜、油菜、青椒等黃綠色的蔬菜
多食用瘦肉、魚類

預防貧血，除了多吃富含鐵質的食物外，亦應多攝取幫助體內吸收鐵質的維生素C及良質的蛋白質。

食用鐵劑須注意的事項：

☆有胃病的孕婦，應避免空腹時吃鐵劑。

☆若有便秘或腹瀉的情況應就醫。

用法
每日2次
飯後吃

☆喝茶會妨礙鐵質的吸收，服用鐵劑前、後的一小時請勿喝茶。

遵照醫生的處方服用鐵劑

●懷孕時期，體內鐵質的消耗量非常大。一般懷孕（單胎）母體約需800 mg的鐵質。這個數量比健康婦女體內的儲存量更多，故孕婦容易貧血，應注意預防及治療。

●均衡的飲食以預防貧血。多攝取蛋白質、維生素、礦物質等。多吃肉類、蛋、內臟、黃綠色的蔬果、昆布（海帶或紫菜）等。孕婦必須接受血液檢查，以及早發現貧血，及早治療。

●孕婦患有貧血症，應多攝取富含鐵質的食物，另外亦可服用鐵劑補充。

●因鐵劑對胃腸不好，若有胃不舒服的情形，應停止服用。鐵劑會使大便變黑，也會引起便秘或腹瀉，鐵劑的服用、用量調整或停用，皆應遵照醫師的指示，以免造成孕婦身體不適。

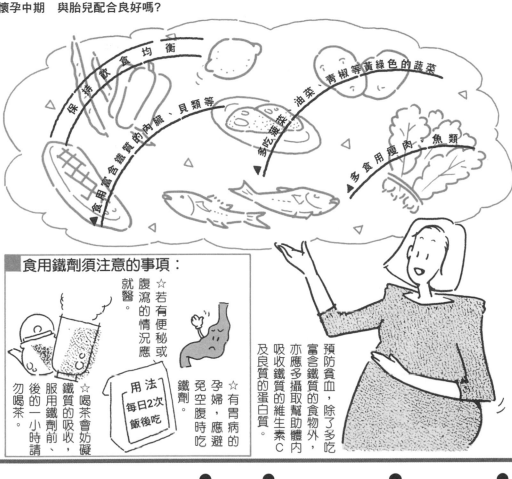

孕期的營養及飲食

勿貪食、營養均衡

應注意的4項重點

1 勿貪食

2 營養均衡

3 多攝取蛋白質、鐵質、鈣質、維生素C、D

4 減少鹽分的攝取

孕期後期，卡路里增加20％

●胎兒透過母體腸管的吸收，經過肝臟進入血液，經由胎盤、臍帶的輸送獲得所需的養分。胎兒成長的速度驚人，故孕婦必須攝取足夠母體本身及胎兒所需的營養。

●話雖如此，不是要孕婦吃下2人份的養分，孕婦嚴禁過胖。

孕期所增加的體重最好控制在10kg以內，若已超過上述的標準範圍，最好將增加的體重努力控制在16～17公斤。一般的成人女性攝取的卡路里約1800卡，懷孕前期約增加150卡，只要一小碗的白飯就有的熱量。到了懷孕後期，約增加350卡。

孕婦要比平常更積極攝取蛋白質、鈣質、鐵質、各種維生素及礦物質。

●最重要的是要攝取均衡的營養。特別是牛奶——是孕期每日不可或缺的食物。其他食品所欠缺的礦物質可由牛奶補充。

孕期須營養充足

●孕期中的飲食生活對生產、保持母體健康及體力是非常重要的一環，我們再來複習一下。

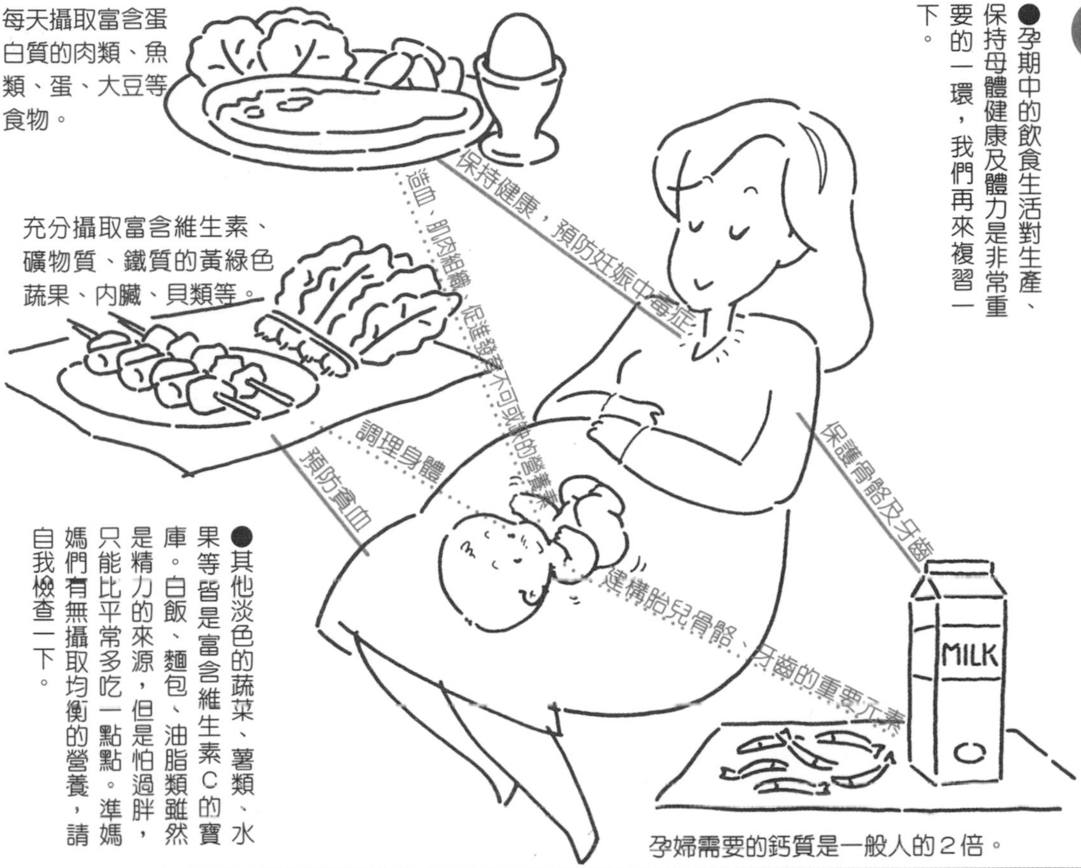
保持健康，預防妊娠中毒症
造血、肌肉組織、促進發育不可或缺的營養素
調理身體
預防貧血
保護骨骼及牙齒
建構胎兒骨骼、牙齒的重要元素
MILK

每天攝取富含蛋白質的肉類、魚類、蛋、大豆等食物。

充分攝取富含維生素、礦物質、鐵質的黃綠色蔬果、內臟、貝類等。

●其他淡色的蔬菜、薯類、水果等皆是富含維生素C的寶庫。白飯、麵包、油脂類雖然是精力的來源，但是怕過胖，只能比平常多吃一點點。準媽媽們有無攝取均衡的營養，請自我檢查一下。

孕婦需要的鈣質是一般人的2倍。

孕期應攝取的營養

●蛋白質是母體及胎兒絕對需要的營養素，須充分地攝取。蛋白質不足易生出體重過輕的嬰兒。不可仰賴市售已烹調好的家常菜，自己調理良質的肉類、魚類、蛋、豆腐、乳製品等，既衛生又方便更省錢。

●鈣質是胎兒骨骼及牙齒不可或缺的重要元素。懷孕的第4～5週是胎兒牙齒發育的基礎，是懷孕初期即必須攝取的營養素。亦是胎兒發育應有的營養素，特別是在懷孕後期，所以要隨時補充，以事先儲備足夠的鈣質。

　牛奶、乳酪、蛋、小魚乾、豆腐、油菜等皆是富含鈣質的食物。

●鐵質是造血、預防貧血必需的營養素。必須造血以增加血液量做為生產時備用，故應多攝取肉類、內臟、蛋、黃綠色的蔬果。

●維生素不足會影響胎兒各臟器的形成，維生素A及B最易不足應多攝取，維生素C、D是形成骨骼不可或缺的營養素。

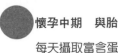

均衡的飲食

有無達到「均衡的飲食」？將食物分為四大類，每日須從中攝取一定的量。

☆蔬菜、薯類、水果☆

☆牛奶、乳製品、蛋☆
YOGURT
MILK

☆穀類、砂糖、油☆
OIL
SUGAR

☆魚、肉、火腿、香腸、貝類、豆類☆

第1類富含蛋白質、維生素、鈣、鐵質等。第2類良質的蛋白質。第3類蔬菜、薯類、水果。第4類穀類、油脂等體力的來源。

預防便秘

便秘是孕期的大敵。多食用薯類及富含纖維質的蔬菜、昆布等。

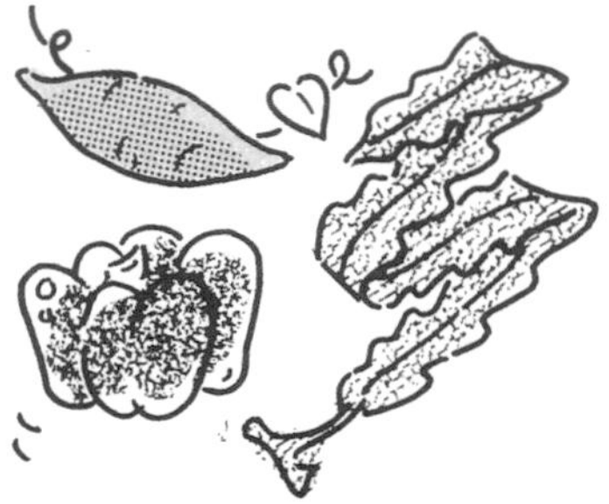

將食物分為四大類以利攝取

重點：維持營養均衡。若一一的計算要攝取多少才夠，實在大費周章。故將食物分爲四大類，從中攝取一定的量，如此一來即能保持均衡的營養。

●屬於第1類的食物：富含良質的蛋白質、脂質、維生素A、B群、鈣、鐵質等，以牛奶及蛋爲主。

●第2類以富含蛋白質爲主及維生素、礦物質等。

例如：魚貝類、肉、豆類、豆製品，以及加工的食品如火腿、香腸等。

●第3類是蔬果、薯類。應多攝取富含胡蘿蔔素的菠菜、南瓜、青菜花等黃綠色的蔬菜，薯類可補給維生素C。

●第4類是穀物、砂糖、油脂。攝取過量易造成肥胖，需每日定量的攝取。

調理少鹽、美味的食物

因水分蒸發，熬煮過的湯汁含有過量的鹽
沾一點點的調味醬
今日特餐
利用酸味
醋
以昆布或柴魚片增加湯的鮮味來取代鹽
COME IN!
用沾的吃，不要浸在湯裏吃
以有香味的蔬菜變化口味

控制鹽分的攝取

攝取過多的鹽分，易引發高血壓及水腫。爲預防高血壓、水腫及妊娠中毒症，必須嚴格控制鹽分的攝取。

但是有時爲了控制鹽分，而常有食慾不振的現象，故應料理淡味且美味的食物來提振食慾。

- ●以昆布或柴魚片等替代鹽分。
- ●酸味可取代鹹味，煮菜或烤魚時添加醋、檸檬等。
- ●使用散發香味的蔬菜或添加調味料，以變化口味，但辛辣的調味料不可吃太多。
- ●以淡味取代一般的鹹味。
- ●熱的料理趁熱吃，涼拌的菜冰涼的吃，就不覺得味道過淡。
- ●吃麵的時候，湯和麵分開吃，可減少鹽分的攝取。
- ●減少的鹽分，可以少量的糖來替代。

過胖造成母體的負荷

每2週量一次體重

過胖的原因1　吃兩人份的食物

懷孕中期噁心、嘔吐的現象逐漸消失之後，胃口自然大開。但為了胎兒著想，要稍微控制一下，否則會在不知不覺間吃過多，造成體重過胖。

過胖的原因2　懶得動

在懷孕期，若不將吃下的熱量消耗掉的話，肯定過胖。若對自己太好，吃飽睡睡飽吃的話，後果不堪設想。

過胖的原因3　吃太多的零食

在噁心、嘔吐的階段，就養成只吃自己喜歡的東西，不知不覺間越吃越多，對甜食也不放過。

過胖會引發下列的問題

除了噁心、嘔吐、食慾不振的時期之外，只要有食慾就越吃越多，孕期若體重過重，會出現下述不良的影響。

●過胖會造成心臟的負荷，且血壓容易升高，易併發妊娠中毒症、糖尿病等，影響胎兒的發育。

●且孕婦過胖，容易難產，產道脂肪堆積，阻礙胎兒的通過，須花相當的時間才能生出嬰兒。

●特別是高齡且過胖的孕婦，最易讓人聯想到難產（不是生第一胎的孕婦，胖到某一程度，也未必會難產）。

●一般因懷孕而增加的體重平均約爲10kg。孕期因子宮膨脹、乳房肥大、血液量也增多，體重當然會增加。

如果比標準體重多20%即表示過重，會影響胎兒的發育，必須控制飲食。

每隔2週量一次體重

以每2週增加1kg為限。如果超過，自己要節制飲食及做適度的運動。

控制甜食

孕期過胖，產後不易恢復原有的身材，此時為了將來的苗條身段，忍住誘惑遠離甜食。多吃水果或小魚乾之類的零食。

在居家附近散步

近來相當流行孕婦游泳。但做做簡單的家事或在居家附近散散步，這種運動量也就足夠了。

測量體重，預防肥胖

●孕婦每次產檢都要量體重，以防過胖，在家也要量以便控制。體重增加以每2週不超過1kg爲限，若超過則要控制一下。

●嚴格禁止過度攝取鹽分。吃太鹹、辣，會拼命地喝水，造成身體的水分過多，引發水腫、血壓升高，這些都是造成妊娠中毒症的原因。

●吃過多的甜食、零食，是肥胖的主因。特別是在懷孕的中、後期，爲了腹中的胎兒，孕婦多吃2人份的食物，有吃過多的傾向。不要吃蛋糕、甜點類的點心，多吃水果，但有些水果的糖分過高，總之不要拼命的吃，稍微節制一下。

●控制飲食，另一方面也要消耗熱量，若吃飽睡睡飽吃，鐵定肥胖不已。每天適度的做做家事，散步，活動一下身體。適度的運動不但可預防肥胖，也有助於胎兒的發育成長。

孕期生活的問答集

Q：有抽煙的習慣，對胎兒會有影響嗎？

A 有關懷孕與抽煙的關係，衆說紛紜。但是近來不少的臨床報告顯示：有抽煙習慣的孕婦，生下的嬰兒有體重過輕的傾向。

報告中指出，在德國香煙製造工廠工作的女作業員，受孕率降低，流產率、胎兒的死亡率皆增加；在巴西的煙製廠，流產及死產率增加2倍以上。

在英國，抽煙的孕婦不論在產前或產後胎兒的死亡率皆高。若懷孕4個月，即停止抽煙，胎兒的死亡率則有下降的趨勢。

抽煙對懷孕有不良影響的臨床報告非常之多。抽煙不僅危害胎兒也危害新生兒，雖然不會影響母乳的分泌，但與氣喘有關，故準媽媽們爲了下一代著想，請儘快努力戒煙吧！

Q：孕婦可以喝酒嗎？

A 孕婦若每天持續喝少量的酒，會造成胎兒酒精症候群，生出身心障礙的嬰兒。

有飲酒習慣的孕婦，胎兒會受到酒精的影響，容易流產或早產。一想到會有如此的後果，即使飲用少量，孕婦也是無法百分之百的放心。

有關胎兒酒精症後群，是造成日後酒精中毒的主因，在許多國家，酒精中毒是嚴重的社會問題。

Q：咖啡對胎兒沒有影響嗎？

A 咖啡、茶和香煙一樣，對胎兒皆有不良的影響，應儘早戒掉不喝。

咖啡、茶皆含有咖啡因。咖啡因有收縮及擴張血管的功能，無法戒除飲用的孕婦要減少飲用量。

含有咖啡因的飲料是造成失眠的原因，故睡前不要飲用。

在少數地區，酒精中毒雖未引起社會的注意，但主婦的飲酒或酒精依存症等問題正在悄悄的蔓延，今後將會演變成眾人注目的社會話題。總之，有喝酒習慣的女性，藉著懷孕的機會，趁早戒酒。即使是陪先生小酌也不宜。

Q：懷孕後不可以養寵物嗎？

A 原蟲會寄生在寵物身上，經由糞便或唾液傳染給人。不具抗體的孕婦感染之後，會生出罕見的水頭症嬰兒。若孕婦有抗體就不必太憂心，養了寵物又擔心受怕，最好在懷孕初期前往內科或婦產科接受抗體的檢查。若抗體為陰性反應，應立即送走寵物，若無法送走寵物，處理寵物大小便的工作委請他人代勞，若自己處理完之後，要立刻洗手。禁止孕婦用嘴巴餵食寵物。

Q：懷孕多久之後不可以騎腳踏車？

A 讓腹部震動加快的運動或騎腳踏車，會誘發流產或早產。

孕婦在顛簸或坑坑洞洞的路上騎腳踏車是不智之舉。

懷孕中期雖然遠離了流產的危險，但胎兒還是會受到震盪，騎腳踏車免不了跌跌撞撞，一不小心就會跌倒，且腹部脹大，易失去平衡感。

就將外出購物當作散步吧！既可有適度的運動，又可悠閒的散步。

Q：不可旅行、兜風嗎？

A 懷孕初期有流產的危險，即使到了中期，也應儘量避免旅行、兜風。

懷孕中期是關鍵時期。要經得起周圍朋友的邀約或慫恿，嚴禁一意孤行。冷靜判斷自己的身體狀況。

請遵守下述各項：

Q：外出時要注意哪些事項？

A 將重點彙整如下：

①應避開上、下班人潮擁擠的尖峰時段，儘可能早回家。早上10點以後到下午3點左右是最佳的外出時間。

②避免外出太久，最好不要超過2小時。

③應避開人潮。小心被傳染感冒。

④避免走在有冷氣的環境下，下半身容易冷，亦是造成流產、早產的原因。日常的購物，儘可能請先生同行並利用假日的時間採買。

⑤進入懷孕後期，請不要出遠門。

⑥穿安全低跟的鞋子。

①避免長途旅行。長時間的搭車，易引發骨盤內瘀血，造成異常。
②避免行程過度密集，儘可能邊休息邊玩。
③轎車比電車震動的更厲害，旅途的時間不要超過4小時，每隔1小時要下車休息，呼吸一下新鮮的空氣。
④懷孕中期的孕婦可以開車，但是開車易使精神緊張，血壓亦容易起變化，非萬不得已的情況下才自己開車，否則最好請先生開。
⑤飛機是震動最小的交通工具。可縮短旅途的時間，不少的孕婦搭乘飛機回家鄉。

總之，請避免長途的旅行、兜風。

Q：一定要拔掉的蛀牙治療？

A 希望在生產完之後再拔。但是若無法忍到生產完再處理的話，只好拔掉蛀牙。拔牙時的麻醉對胎兒沒影響。爲以防萬一，最好不要在懷孕初期或後期拔牙。

以前都認爲蛀牙與懷孕如影隨形，原因是胎兒吸收母體的鈣質。

近來孕婦蛀牙有增多的趨勢，噁心、嘔吐使孕婦精神沮喪，對口腔的清潔覺得很麻煩，於是助長蛀牙。一過了噁心、嘔吐的時期，食慾大增，甜食吃過頭，也是蛀牙的原因之一。

另外由於荷爾蒙失調，也是造成口腔不潔的原因，在懷孕前即應勤於刷牙、漱口。最好在懷孕中期治療蛀牙。

Q：流行性感冒大流行，是否應接種疫苗？

A 原則上，孕婦不要接種任何疫苗。特別是懷孕前期的4個月絕對不能接種疫苗，但有些婦產科醫生認為懷孕4個月之後可接種，對母體及胎兒無影響。

雖然為預防流行性感冒而接種了疫苗，但未必接種了當年流行性感冒的病毒。

在這種情況下，即使接種了，也沒有達到預防的效果，倒不如當初不要接種。總之，預防流行性感冒之道，是儘量少外出、避開人潮擁擠的地方。

Q：想餵母乳，請問乳房的保健方法？

A 建議自懷孕中期的第6個月開始，按摩乳房。

若乳頭下陷或平坦，寶寶不易吸吮，故應在生產前使其挺立。

沐浴時或洗完澡之後，對乳房進行保健，效果最為顯著。

Q：孕期的母體不可冰冷，原因為何？

A 寒冬及夏天的冷氣房，是讓母體變冷的主因。在冷的環境中，血壓容易變高，故在冬季發生妊娠中毒症的機率較高。

夏天，若長時間待在冷氣房中，情況和冬天一樣。特別注意腳、腰部等下半身的保暖。

應付寒冬的對策：將寢室移到日照良好的房間，客廳、廚房等要有保暖的設施。

避免在酷寒的氣候下外出。穿長褲、厚襪、就寢前沐浴，保暖的效果佳。

也要避免長時間待在冷氣房中。

①將乳液或橄欖油塗在乳頭上並按摩。
②用手指將乳頭輕捏起，每次持續10～15分鐘。
③也可穿著胸罩，只將乳頭露出，以方便保養按摩。
④到了懷孕的第7個月之後，每天擠一次乳頭，讓乳汁滴出2～3滴。

Q：好似有東西壓迫著肚子，無法成眠？

A 用軟墊把腳墊高，比較容易入睡。到了懷孕中期的後段，肚子變得很大，可採側睡、曲膝，將腹部墊在軟墊上。

失眠容易疲勞，白天可小睡半小時～1小時。

就寢前沐浴或喝熱牛奶之類的熱飲，暖和身體及治療失眠的效果奇佳。

Q：孕期中的性生活應注意的事項？

A 在懷孕初期及後期，應特別謹慎從事性生活。懷孕3個月時，為預防流產，不可採取壓迫子宮及過於激烈的姿勢。

懷孕後期應採取不壓迫腹部的體位，避免性器結合太深，性生活的次數要節制。若曾經有流產或早產的經驗或徵兆時，應特別注意。

懷孕第5個月開始束上束腹帶

束腹帶的束法

1

從左邊的腰骨開始。

2

繞了2圈之後，將束腹帶往身體的方向摺入後繼續繞。

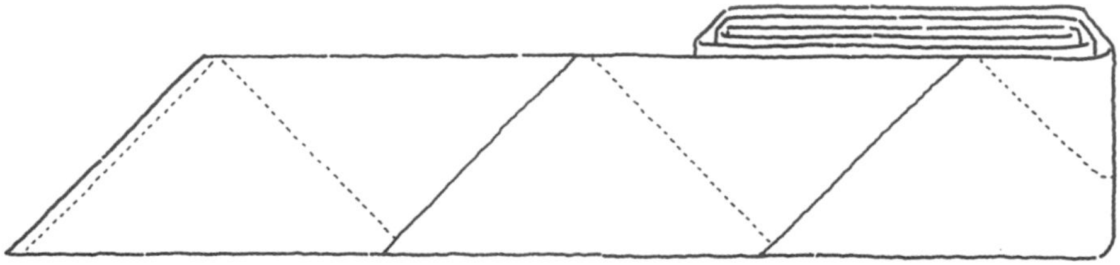

在布條上畫斜線以利捲束，可使伸縮性佳，不容易鬆脫。

束腹帶提供安全感，使用的孕婦增多

近來束腹帶必要性不若往昔，事實上，以前就有很多孕婦都不束束腹帶。

但隨著腹部一天天的脹大，的確需要可支撐的東西，束腹帶提供了安全感，輕便活動的功能，故大受孕婦的歡迎。

- ●多數的孕婦在腹部明顯脹大的第5個月，開始束上束腹帶。
- ●開始胎動，若束上束腹帶，孕婦的心情較爲穩定。現在的束腹帶使用具伸縮性的材質，比以前的布條更具彈性，有伸縮性的束腹帶容易捲束，方便活動。以棉質包住橡膠的網狀新素材，透氣效果佳，有些做成束腹式的，方便使用。
- ●束腹帶不論是布或具彈性的新素材，皆呈布條狀。

布條的捲法雖然麻煩，但若對摺之後畫上斜線，即容易捲束。

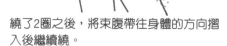

3

孕婦專用的貼身內衣褲

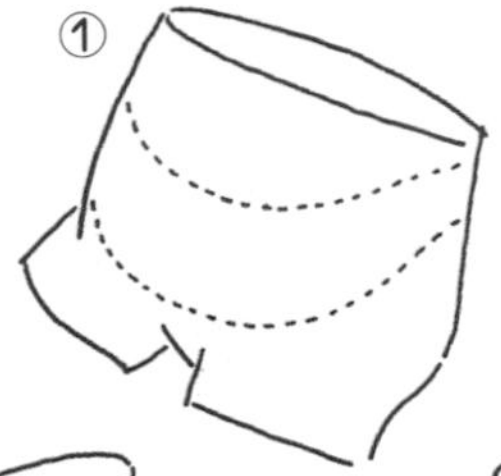
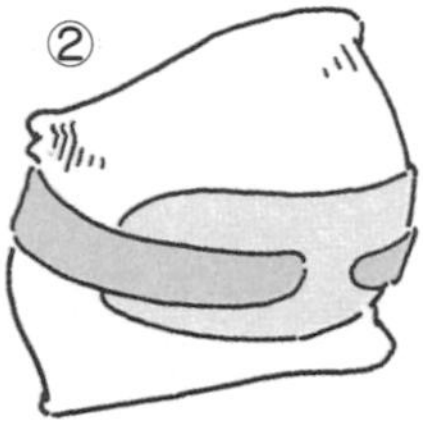

①②孕婦用的束腹帶，可自由調節。③保暖襪。

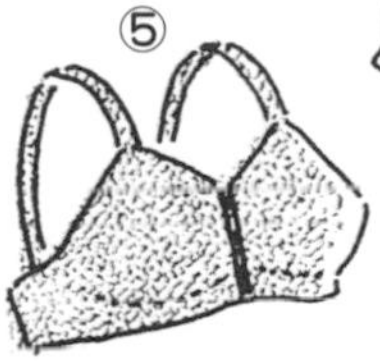

④⑤胸罩。產前產後兼用。準備3～5件。

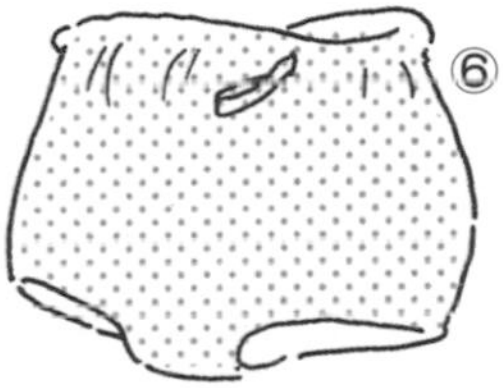

⑥寬鬆的內褲，不可穿比基尼式的三角褲。

繞好之後，別上安全別針。

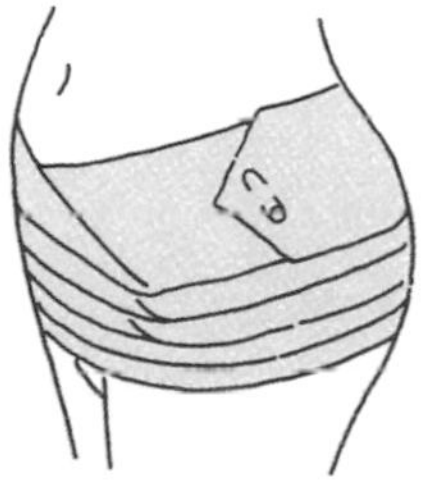

側別

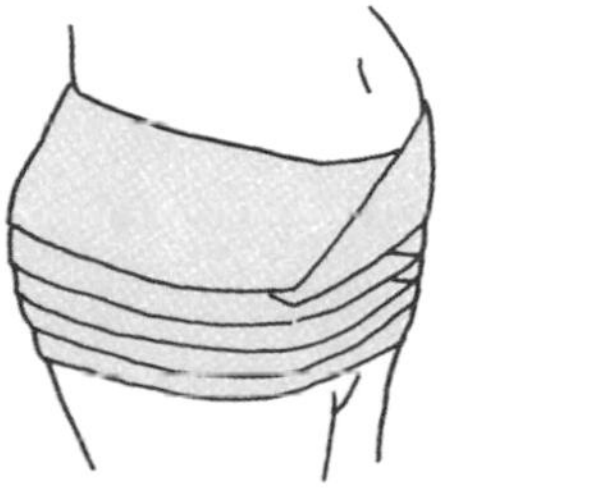

前摺

孕婦應穿棉質的貼身內衣褲

孕婦用的束腹帶位置固定，不易鬆脫。

貼身舒適、透氣性和伸縮性佳，一般的束腹帶即具有上述的優點。

但是到了懷孕後期，腹部越來越大，爲了束緊腹部，建議使用孕婦專用的束腹帶，不論上、下班通勤或外出，身體能靈活的活動。

●束腹帶要能配合逐漸脹大的腹部，故購買時要試穿。有些孕婦習慣用布條的束腹帶，但外出時最好與具伸縮性的束腹帶併用。

●除了束腹帶之外，市面上亦販售孕婦專用的胸罩、內褲。孕婦最好穿棉質的內衣褲，因懷孕時，易流汗且白帶增多，棉質的內衣褲吸汗等效果好。因乳房脹大及乳頭敏感，最好穿孕婦專用的胸罩，具有保護的作用。

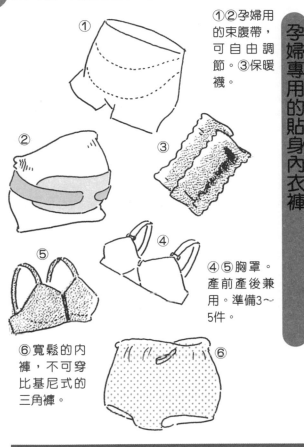

保護胎兒生命的羊水

羊水的功能及羊膜穿刺的檢查

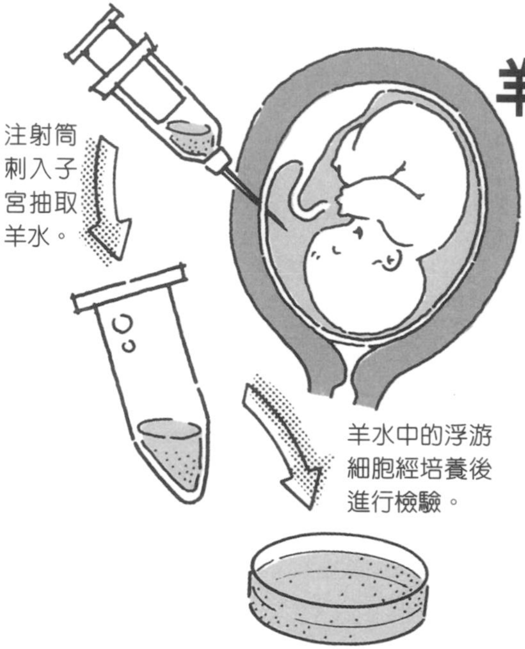
注射筒刺入子宮抽取羊水。
羊水中的浮游細胞經培養後進行檢驗。

胎兒在羊水中自由的活動

羊水由羊膜分泌，充滿羊膜腔，呈半透明的乳白色液體，懷孕7～8個月時，羊水的量最多，之後漸漸地減少，到了懷孕後期，一般只剩下約800mℓ左右。

胎兒在羊水中自由的活動，且羊水具有保護胎兒避免直接受到外力衝擊的作用，讓胎兒安全的發育成長。

羊水以每小時500mℓ的速度汰舊換新，約3小時即可全部完成更新的動作，故羊水始終保持乾淨清潔。

羊水充足可預防胎盤剝離，破水後可潤滑產道，使生產順利，相當於潤滑劑的功能。

有必要的孕婦，在孕期16週前後做羊膜穿刺

孕期前半，羊水和自胎兒身上掉落的皮膚細胞、胎脂、胎毛等混在一起。爲了要知道胎兒的情況，必須進行羊膜穿刺的檢查。

透過羊膜穿刺，可發現胎兒的成熟度，有無血友病、先天性的代謝異常、染色體異常或血型排斥等症狀。

多數的孕婦在懷孕第16週前後檢查，先在孕婦腹部皮膚上麻醉，再以粗大的注射筒刺入子宮，抽取少量的羊水檢驗。羊膜穿刺並不會有危險，重要的是要到設備良好、技術精練的醫院進行。

多數孕婦是爲了儘早發現胎兒異常才做羊膜穿刺。現今，爲怕父母親的染色體異常或有親戚生下具遺傳性疾病的小孩，以及年齡40歲以上的高齡產婦才會做羊膜穿刺的檢查。

羊膜穿刺的檢查，除了可發現先天性的異常之外，亦可知道胎兒的性別，但原則上有必要才做羊膜穿刺的檢查。

第3部
懷孕後期

努力支撐到分娩

邁向分娩的階段。不可突然過胖

懷孕後期的胎兒及母體

第8個月

滿28～31週

子宮底長25~29cm。
胎兒的身長約40cm。
體重約1.5kg。

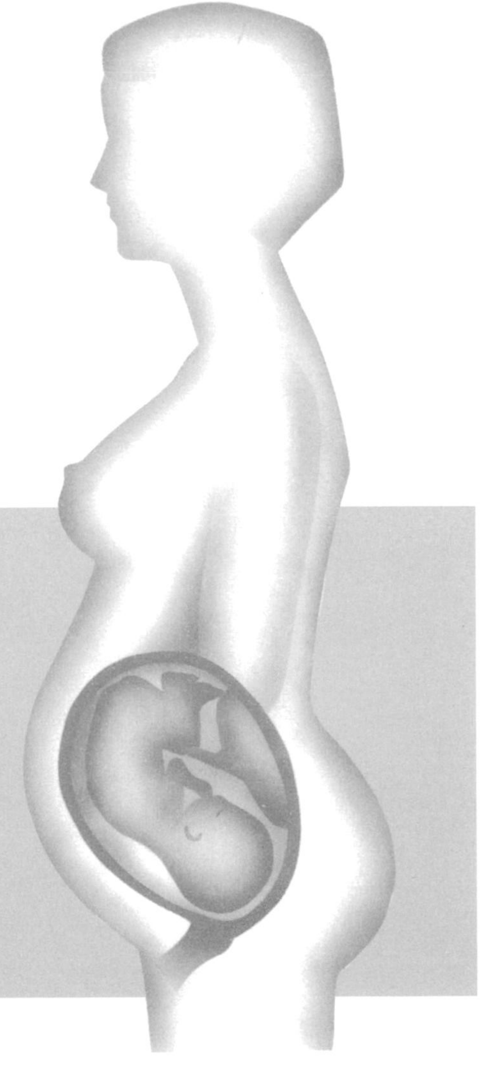

健康管理左右早產、安產、難產

懷孕後期是指第8～10個月。此時期容易引發各種疾病、症狀，影響分娩。

出血可能是前置胎盤的警訊。早產、正常位置胎盤早期剝離亦會引發出血。若有異常的出血應儘快就醫。

此時期亦是左右早產兒是生是死的關鍵。必須小心注意，並做好分娩的準備。

早產與順產的關係形同親戚。有些孕婦擔心早產，提早住院靜養，等待分娩，過了預產期，亦無陣痛的現象，結果是難產。到了懷孕後期身體活動不便，但爲了順產，孕婦們還是要努力且適度的活動身體。不要忘了參加準媽媽教室的分娩指導課程。

第10個月
滿36～39週

子宮底長32~34cm。
胎兒的身長約50cm。
體重約3.0kg。

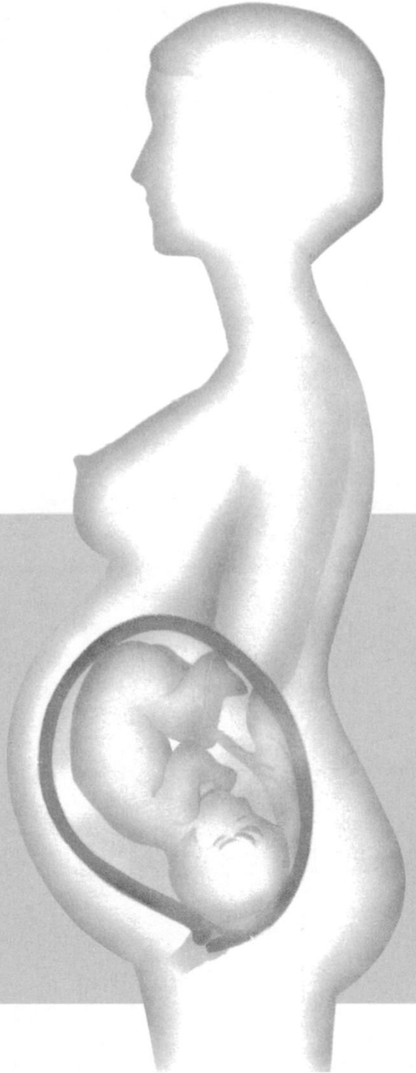

第9個月
滿32～35週

子宮底長29~32cm。
胎兒的身長約45cm。
體重約2.5kg。

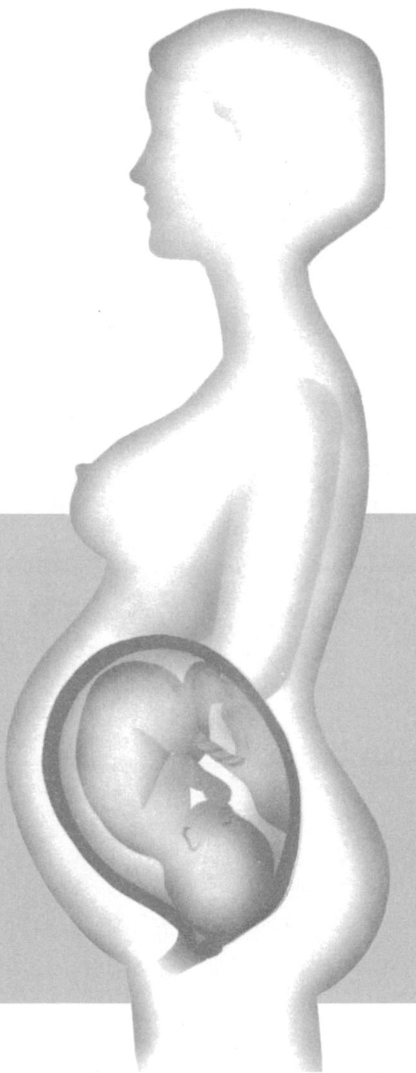

可怕的妊娠中毒症

預防及早期發現早期治療

定期檢查是早期發現的方法

高血壓是妊娠中毒症的症狀之一。請按時接受定期的產檢及量血壓。

蛋白尿也是重要的特徵之一，但是自己無法察覺，只能靠定期的產檢，早期發現早期治療。

高血壓、蛋白尿、水腫都是妊娠中毒症的主要徵兆

●妊娠中毒症的主要特徵：高血壓、蛋白尿、水腫。這些症狀與腎臟病及高血壓相似。

　症狀較輕的妊娠中毒症有血壓稍微偏高，腳部容易水腫的現象；重症的妊娠中毒症引發尿毒症、腦出血、休克、全身痙攣、正常位置胎盤早期剝離等危及母體及胎兒的生命。

●嚴格的說，妊娠中毒症的原因不明。胎兒及胎盤脫離母體，即分娩完後不久，自然痊癒，可能是胎盤病變所引起的。

●首先胎盤的血管引發動脈硬化，造成血液循環不佳、阻塞等，對胎兒有不良的影響。

　因胎兒從胎盤汲取氧氣、養分，若胎盤病變妨礙或阻斷了胎兒的養分及氧氣，造成胎兒發育不良或缺氧而死亡，亦會引發流產、早產，甚至危及母體的生命。

應留意妊娠中毒症的徵兆

手腳水腫、臉部浮腫

特別是早上起床時，手、腳浮腫。

頭痛、頭暈目眩

血壓升高時易有的症狀，早期發現早期治療。

尿量減少、口渴不已

不停地想喝水，但排尿的次數減少。

一週胖0.5 kg以上

與過胖的情況不同，體重增加是因水腫的關係。

妊娠中毒症初期的徵兆

孕婦本身可自行判斷是否得了妊娠中毒症。只要稍微感到異樣，應儘快接受診療。

- 早上起床發現有水腫的情形，就要特別的提高警覺。一般正常人站著工作一整天，到了傍晚，腳部會出現浮腫，飽睡一晚之後，隔天早上起床時，浮腫就會消失。若孕婦不只腳部，全身甚至連眼皮也浮腫的話，表示妊娠中毒症已發作了。
- 若一週胖0.5 kg以上的孕婦要小心囉！早期發現浮腫的好方法，就是時常量體重。
- 尿量減少、口渴不已，亦是妊娠中毒症的症狀之一，應儘早接受診療。
- 頭痛、頭暈目眩可能患有妊娠中毒症，常引起血壓升高。
- 其他諸如全身異常的衰弱、疲累、食慾不振等，都是妊娠中毒症的信號。

容易罹患妊娠中毒症的四種孕婦

初次懷孕的孕婦
第一次懷孕
第一次懷孕的孕婦比生過小孩的孕婦得到妊娠中毒症的機率高2倍。
肥胖的孕婦
過胖易得高血壓，表示離妊娠中毒症不遠了。
高齡產婦
年紀越大，身體的負擔越重，高齡產婦的發病率高。
多胞胎的孕婦
雙胞胎、三胞胎孕婦的負擔及壓力亦為單胞胎孕婦的2、3倍。

初次懷孕、高齡、肥胖、多胞胎的孕婦要特別小心

●易罹患妊娠中毒症的四種孕婦詳述如下：

第一是初次懷孕的孕婦，比有生產經驗的孕婦得到妊娠中毒症的機會高2倍。

第二是高齡產婦。一般人隨著年齡的增長，易有血管老化、高血壓、腎臟病，若婦女高齡懷孕，患妊娠中毒症的比率相當高。

第三是肥胖的孕婦。過胖是造成心臟病、高血壓的主因，且發生妊娠中毒症的機率也高。

孕期中若體重急速增加，是妊娠中毒症的前兆，孕婦要提高警覺。1個月所增加的體重最好不要超過2kg以上，應控制鹽分、糖分的攝取。

第四是身懷雙胞胎或多胞胎的孕婦，發生妊娠中毒症的機率高。

有關妊娠中毒症，有一學說認爲：「懷孕所帶給母體負荷的壓力，導致妊娠中毒症」。根據此學說，可預見雙胞胎或三胞胎的孕婦其所承受的負荷或壓力是單胞胎的好幾倍。

妊娠中毒症的治療：控制飲食及靜養

症狀輕微

在家中靜養，保持身心平靜，充足的睡眠。冬季注意保暖。

攝取充分的良質蛋白質。

症狀嚴重

若門診治療2週以上，血壓、浮腫未見改善時，應即刻住院接受治療。

預防及治療的基本方法：早期發現、靜養、食療

●避免妊娠中毒症的最佳方式，只有預防一途。靠日常的定期產檢，早期發現早期治療。

●爲預防及早期發現妊娠中毒症，懷孕的第1～6個月，每月一次；第7～9個月，每月2次；第10個月，每週一次，前往醫院做產檢，量血壓及體重，檢驗有無蛋白尿、水腫等。

●症狀輕微的妊娠中毒症，住院療養，採控制鹽分的食療法。有些症狀不須住院，在家靜養，飲食方面要控制鹽分的攝取。

●若靜養及食療法無法有效控制妊娠中毒症，可使用降血壓及利尿劑。若症狀嚴重到連藥物都無法控制時，以母體的生命爲優先的考量，實施人工流產手術。若已是懷孕後期，胎兒存活的機會大，則可剖腹生產，以保住胎兒及母親的生命。

懷孕後期的危險信號

下腹痛、出血、痙攣、破水等症狀

下腹痛　多為分娩的前兆，也可能是早產或正常位置胎盤早期剝離的徵兆

儘速就醫。
若有必要，應進行手術

下腹疼痛時，疼痛的程度、地方、痛法不同，其疼痛的原因亦不同。

若爲週期性的陣痛且下腹有脹脹的感覺時，應是早產或即將要生產的症狀。

若是胎盤提早剝離，造成胎兒缺乏氧氣的正常位置胎盤早期剝離，會突然地下腹強烈疼痛，冷汗直流、臉色蒼白，嚴重時還會引發休克。

子宮破裂也會造成激烈的腹痛。懷孕後期，不論是何種原因所造成的腹痛，應儘速前往醫療設備完善的醫院進行治療或手術。

其他，如盲腸炎、腸閉塞、卵巢囊腫亦會引起腹痛。

早產的徵兆：
持續的週期性陣痛

所謂的早產，按字面上的解釋是：不足月的分娩，指懷孕第22週到預產期的前2週之間的分娩。

早產只是分娩的時日提前，腹痛、出血、破水等分娩時應有的症狀和正常的分娩相同。無法預知是否爲早產，在接近分娩時，孕婦應提高警覺。

感覺肚子脹脹的、腰部沉重、斷斷續續的腹痛，若這些症狀都出現的話，通常已來不及了。但是第一次懷孕的孕婦，多少都會有類似的陣痛，原因是子宮口緊閉所造成。

故即使下腹疼痛，若離預產期還有一段時日，可請醫生開止痛藥或進行必要的處置，以避免早產。

發現異常或嚴重腹痛時，應立即前往醫院接受必要的診療。

突然地腹痛—可能是正常位置胎盤早期剝離所引發

分娩時，先是胎兒出來，隨後才是胎盤脫出。但原因不明，不知爲何胎盤比胎兒先脫出，若出現此種狀況，腹中的胎兒會因缺氧，未生出即胎死腹中。

胎盤比胎兒先脫出的症狀即所謂的正常位置胎盤早期剝離，會危及胎兒的生命。

胎盤先脫出的正常位置胎盤早期剝離

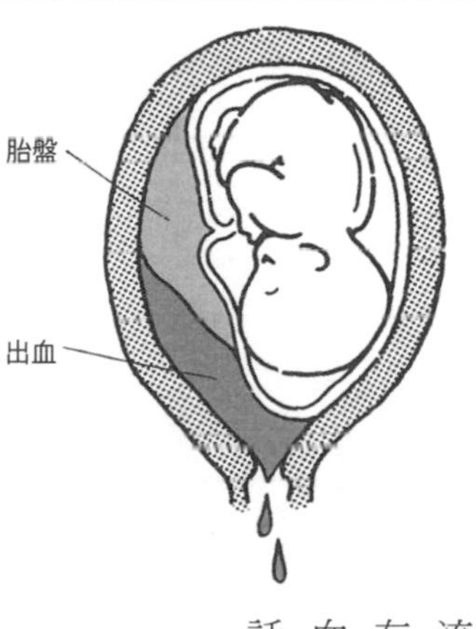

正常位置胎盤早期剝離會引起突然下腹疼痛，腹部變硬，冷汗直流，臉色蒼白。不僅下腹痛，也會有出血的情況。要注意腹部有無積血，若孕婦本身患妊娠中毒症的話，危險性更高。

出血　可能是前置胎盤或正常位置胎盤早期剝離所引發

前置胎盤：不會有疼痛感

前置胎盤的特徵：不會有任何的疼痛，突然地出血。早上起床，發現下半身都是血，此時要懷疑是否前置胎盤。

正常的懷孕，胎盤橫在子宮的上方，與子宮口所在的位置不同。

但不知什麼原因，胎盤跑到胎兒的下方，堵住子宮口，這就是所謂的前置胎盤。

分娩時，子宮口大開，堵住子宮口的胎盤剝離，引發出血。因胎兒還在子宮裏，造成子宮無法收縮而大出血。

但隨著子宮漸大，胎盤的位置也會被漸大的子宮往上頂，在懷孕後期才能明確地診斷出胎盤的位置。若有輕微的出血，不論出血量的多寡，應立即就醫。

近來，可用超音波斷層掃瞄，從懷孕的初期開始追蹤胎盤的位置是否正常。

前置胎盤多發生在有生產經驗的孕婦身上，到了第9個月，引發大出血，有些則在第7個月即出現輕微的出血。應儘速住院就醫，靜養安胎，若無法安胎到足月，就要進行剖腹生產。

前置胎盤

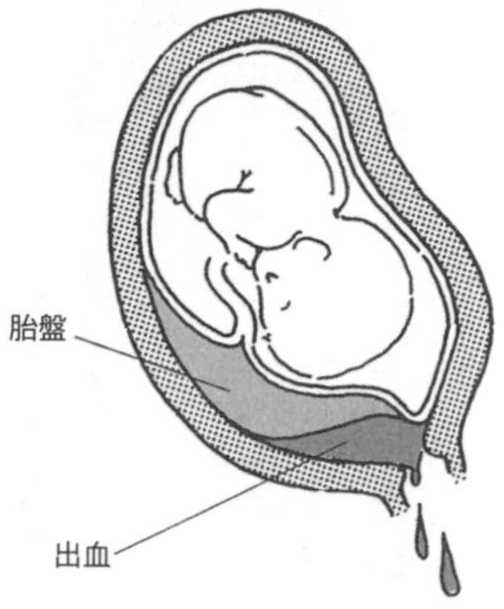

出血量少，也可能是正常位置胎盤早期剝離的信號

正常位置胎盤早期剝離及前置胎盤，並列爲懷孕末期易引發出血的原因。比前置胎盤更易危及母體及胎兒的生命。

正常位置胎盤早期剝離，陰道的出血量並不多，有時不會流出體外，但胎盤從子宮剝離會造成子宮的大出血。

不僅出血，還有嚴重的腹痛、冒冷汗，有時陷入休克的狀態，如前述的「下腹痛」的症狀。危及母子的生命，應立即叫救護車緊急送醫救治。

多數的情況是進行剖腹生產，將胎兒及胎盤拿出，若子宮收縮不良，以母體的生命爲優先考量，進行摘除子宮的手術。

妊娠中毒症易引發正常位置胎盤早期剝離，預防之道是：孕婦不要患妊娠中毒症。

痙攣

妊娠中毒症最嚴重的症狀，危及胎兒的生命

痙攣的前兆

妊娠中毒症最嚴重的症狀：昏倒在地，全身抽搐痙攣後昏睡、喪失意識。

痙攣抽搐發作的時間約2～3分鐘，之後呈昏睡的狀態，嚴重時，會反覆地發作。

痙攣、昏睡一再地發作，應即刻就醫接受適當的治療或手術。

若症狀輕微，先讓孕婦安靜的睡一覺，立即聯絡醫師，接受指示做必要的處理。

特別是妊娠中毒症明顯的出現，且有頭痛、劇吐等症狀時，都是痙攣的前兆。

不要驚慌，先作適當的處置，立即聯絡醫師

痙攣發作，請不要驚慌，首先把布或毛巾弄成捲狀，放在嘴裏不要讓孕婦咬傷舌頭。但要留一些空隙，否則會有窒息的危險。

病症緩和下來之後，將孕婦移到陰涼的房間，讓她安靜的睡覺，立刻聯絡醫生。

痙攣發作，會危及胎兒的生命。不少胎兒因此喪命。特別是即將分娩所引起的痙攣，對母子的生命造成嚴重的威脅。

破水　子宮口全開前，突然的破水

早期破水是早產或難產的徵兆

正常的分娩在適當的時機才破水。但離預產期還有一段時日，不明原因造成胎內的羊水弄破羊膜而破水，這種情形稱爲早期破水，容易引發早產、難產、胎兒的臍帶脫出、或子宮受到感染等。

早期破水多爲隱藏性的異常，讓很多孕婦以爲是生產前的破水。不要到處走動，安靜的躺臥或立即到醫院接受診療。

多胞胎、胎位不正及高齡孕婦應小心提防早期破水

引發早期破水的原因很多，如下所述：

①陰道或子宮頸周圍受到細菌的感染。
②分娩前應緊閉的子宮頸異常的開口。
③雙胞胎或三胞胎造成羊水壓力過大。
④羊水過多症。
⑤胎兒的頭在上的胎位不正造成羊水易外漏。一般到了懷孕末期，胎兒像倒立站著，頭朝下，若堵住骨盆的話，容易引起破水。
⑥和骨盆相比，胎兒的頭顯然大得多，胎兒無法順利通過骨盆造成分娩困難。

早產
請努力安胎

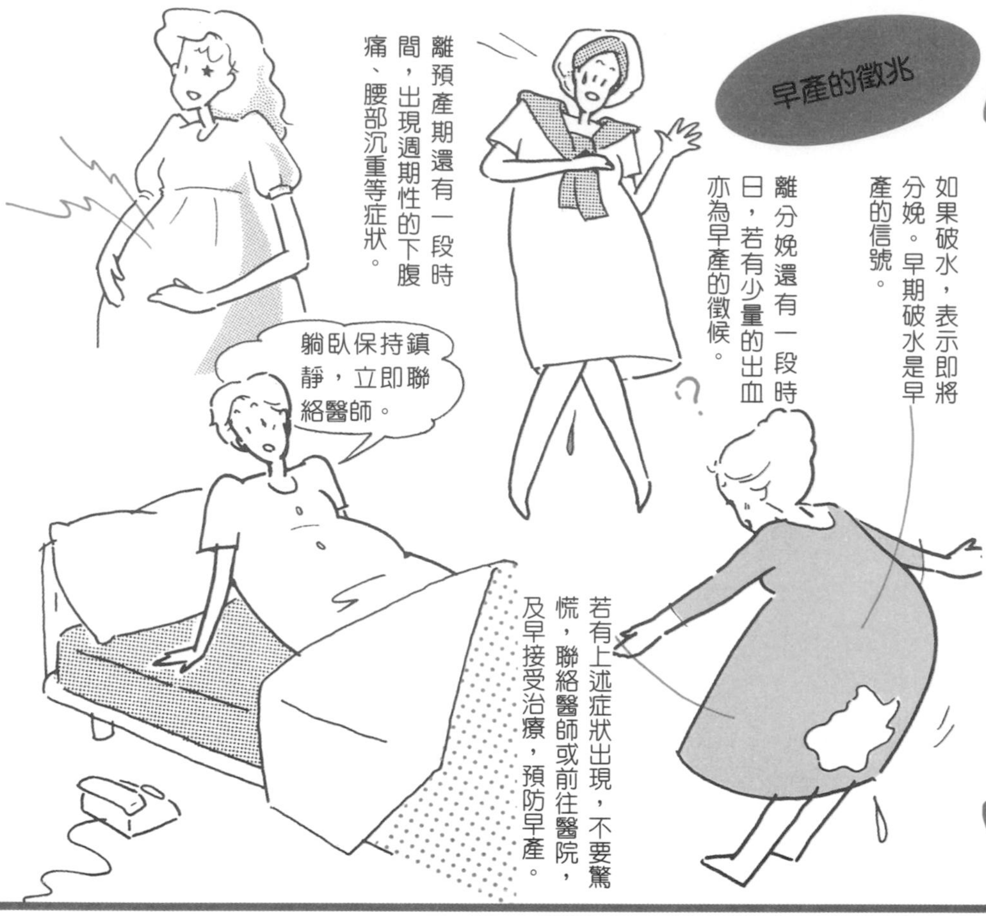

早產的徵兆
如果破水，表示即將分娩。早期破水是早產的信號。
離分娩還有一段時日，若有少量的出血亦為早產的徵候。
離預產期還有一段時間，出現週期性的下腹痛、腰部沉重等症狀。
躺臥保持鎮靜，立即聯絡醫師。
若有上述症狀出現，不要驚慌，聯絡醫師或前往醫院，及早接受治療，預防早產。

及早發現徵兆，儘可能預防早產

早產是指懷孕第6個月即第22週（以前是指第24週）至預產期的前2週。早產是產下不足月的胎兒，易引發各種不良的影響。故預防早產是一重要的課題。

在狀況輕微的早期，爲壓制陣痛的注射或住院靜養安胎皆是預防早產的方法，但是要預知早產是件難事，這也是婦產科醫生深感困擾的問題。

但若早期發現早產的徵兆，早期治療，即可防範早產。故孕婦應清楚瞭解早產的各種徵候，詳述如下：

①離預產期還有很長一段時日，出現週期性的下腹陣痛，腰部感覺相當沉重。
②出現分娩的預兆：少量的出血。
③陣痛開始前即破水。

這些都是早產的重要線索，只要有上述的任一症狀，應立即就醫診療。

早產及早產兒的成熟度

7個月（24~27週）

1000g~1200g

未滿22週生下的嬰兒，存活率相當低，但7個半月即26~27週的胎兒，雖然發育未完成，因已具肺部機能，本身已有生存的能力。要放置在保溫箱中，需要有高水準的醫護人員及醫療設備，才能保護早產兒長大。

8個月（28~31週）

1500g左右

已具皮下脂肪，身體圓渾。肺部機能逐漸健全，能自行呼吸。萬一早產，應至醫療設備完善的醫院，早產兒的存活率才會高。雖然胎兒已8個月大，但危險性仍高，應儘量安胎，小心的度過每一天。

9個月（32~35週）

2000g 左右

皮下脂肪發育完成，身體上的皺紋消失。內臟等臟器皆達發育完成的階段，能吸乳汁，胃腸已具消化功能，即使早產，放在保溫箱中，使其生存能力更強。此時期是懷孕的最後階段，母親的任務亦是努力安胎，讓胎兒在腹中待滿足月，再分娩。

胎兒體重是否1000 g以上，是能否存活的關鍵

胎兒在預產期前後，平均體重約3000 g左右，生下來一般都能健康的長大。

早產是不足月的分娩，嬰兒的體重過輕，所謂早產兒是指體重未滿2500 g的嬰兒，其中亦包括1500 g或1200 g的嬰兒，他們的肺部機能尚未健全，生存能力弱，能否平安的養育長大，仍是未知數。

近來，醫學進步，不少早產兒存活長大的機率變高，但以體重來看，早產兒存活的底限是1000 g。

另外，一般約2500 g的早產兒其佔周產期死亡率（分娩前後的死亡率）的比率相當高，在醫學進步的現代，早產兒的死亡率仍高。

儘管醫學如何的日新月異，母親的子宮永遠是孕育胎兒最安全的地方。

平日多留意，即可預防早產
STATION
安心靜養
若有早產的跡象要靜養。
避免到人潮擁擠的地方
有孕婦因上、下樓梯跌倒而早產。
請先生陪同購物
採購一星期所需物品的份量，無須每日外出購物。
清單
砂糖

子宮頸無力症及妊娠中毒症易引發早產

早產的原因，大致可分爲二種。

其一是最常見的子宮異常，又以子宮頸鬆弛最多。在懷孕中期，胎兒漸大漸重，引起破水，甚至在無陣痛的情況下生出嬰兒。

子宮頸無力症可能也是造成習慣性流產或習慣性早產的原因。第一次懷孕的婦女，可接受手術改善子宮頸無力症，以預防早產。

如雙子宮或子宮肌瘤等異常，亦是早產的原因。

引發早產除了上述的兩種因素外，妊娠中毒症也是元兇之一。

其他，如母體本身即有心臟病、腎臟病、糖尿病、高血壓等因懷孕而引起的合併症，也會引發早產。不可輕忽便秘、腹瀉、壓力過大等，這些因素亦會造成早產。

上、下樓梯要小心
為預防早產，上、下樓梯要小心，請儘量避免走樓梯。

勿抬、提重物
請先生幫忙抬、提重物。

禁止性行為
有早產跡象的孕婦要禁止性行為，正常的孕婦到了懷孕後期，亦要謹慎從事。

吃藥或手術可安胎

●子宮頸無力症所引發的早產，可吃藥安胎防止。一旦破水，想要安胎須住院，躺在病床上3～5個月，施以抗生素及防止子宮收縮的藥物。有孕婦在7個月的時候破水，安胎到足月生產，這種例子不少。

●因子宮頸無力症造成習慣性的早產，進行子宮頸口的縮縫手術，足月順產的案例屢見不鮮。

●不易預防妊娠中毒症所引起的早產，但可對水腫、蛋白尿、高血壓等進行治療。

即使第一次懷孕失敗，第二胎順產，也會擔心接下來的懷孕是否會早產。預防早產，首先不要忘記「靜養」。

胎位不正—懷孕末期的治療方式

早期發現，可自然治癒

胎位不正的形態　胎位不正的可怕

胎位不正的形態很多。

有臀部朝下的單臀位、雙腳先出的全足位，或單腳先出的不全足位、膝蓋呈坐姿狀的雙臀位，以及比較少見的膝蓋先出的膝位。

胎兒的頭最大，所謂的順產即胎兒的頭先出。但胎位不正，如腳、臀、腰部等先出，最後才是頭部的話，很難生出來，若產道大開的話，有利單臀位及雙臀位。

但和正常的頭位分娩相比，仍有很多不利之處。胎兒的頭通過產道時，臍帶會纏住胎兒造成窒息，即使沒有死亡，也會壓迫到腦部，傷到神經系統，危及胎兒的生命安全。

若母體的子宮口未全開即破水，胎兒的頭堵住未全開的子宮口，則需相當長的生產時間，易造成難產。

胎位不正的形態

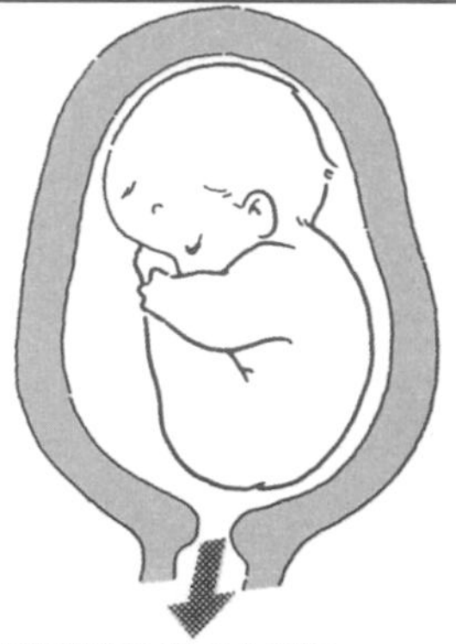

臀部先出的單臀位。
胎位不正多為此形態。

雙臀位。這也是臀部先出，但較不危險。

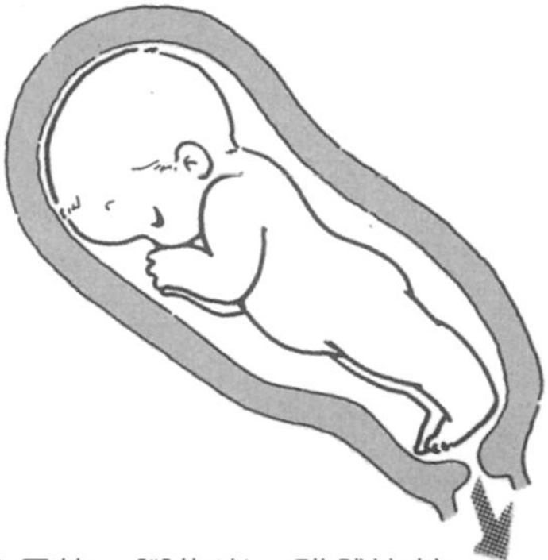

全足位。腳先出，雖然比較少見，但危險性很高。

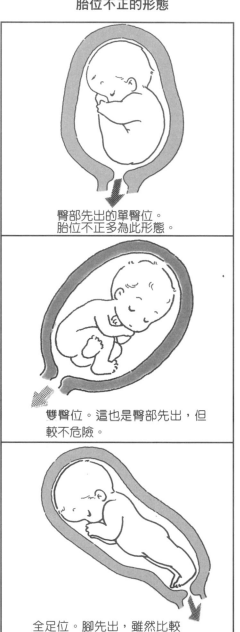

矯正胎位不正　有自然回復正常的例子

5%的嬰兒是胎位不正，懷孕8個月左右，約有14%的胎兒是胎位不正。

若到孕期8個月才知道胎位不正，媽媽無須過度緊張不安。之後胎兒會自然的恢復到正常的胎位。但不是所有的胎兒都能自然的回復到正常的胎位，8個半月之後，孕婦要做一些運動使胎兒轉回正常的胎位。

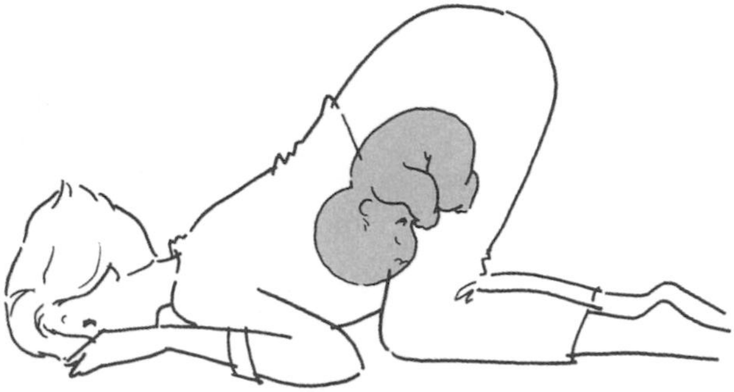

胸膝位　抬高臀部，胸部及膝蓋貼在地板上。

①**胸膝位法**：腹部貼在軟墊上，儘量抬高臀部，胸部及膝蓋貼在地板上。

②**橋式**：仰臥將腰部放在墊有4～5個的軟墊上，身體如拱橋狀。

③**夜晚睡姿採和平日不同的方向**。

●①及②的方法，束上腹帶，效果更佳，若腹部有脹脹的感覺，應即停止，一次約10分鐘，每天反覆練習約一週的時間，再到醫院檢查，看胎兒是否回復到正常的胎位。

●進入孕期第10個月，才診斷出胎位不正，應注意下列各點：

①若有破水的跡象，應保持鎮靜，立即前往醫院。

②提早住院做分娩的準備。

●所有的胎位不正都要剖腹生產嗎？單臀位及雙臀位，大多可經產道自然分娩。

但是腳先出的全足位及不全足位的胎位不正，是頭部最後才出，因危險性高，都採剖腹生產。

一般剖腹生產後約一年以上才能再懷孕，只要有過一次剖腹產，下一胎也是剖腹產的機率很高。

●針對最危險的胎位不正的足位，也有不採剖腹生產的個案，以所謂「子宮頸擴大術」——在子宮腔內裝入橡膠汽球，迫使陰道擴大，以促進產道分娩。總之，不論採取何種方式，請主治醫師詳細評估及說明，讓孕婦及家人充分的了解狀況。

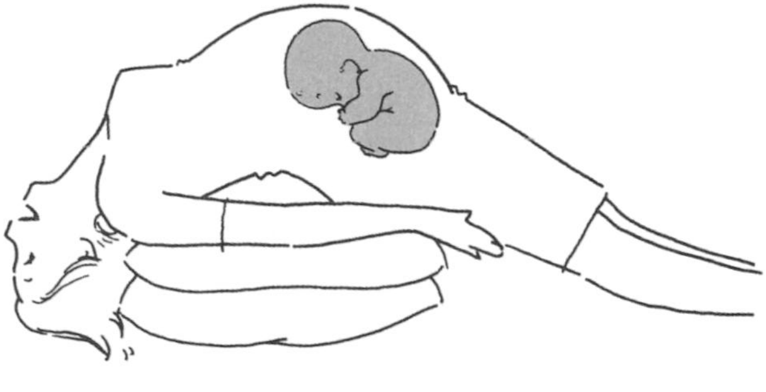

橋式　腰部放在軟墊上，身體如拱橋狀。

超過預產期2週仍屬正常

超過預產期很久，孕婦憂心不已，應檢查以確認胎兒的狀態

可怕的胎盤老化

懷孕前最後一次月經的第一天，到分娩爲止的280天是所謂的懷孕期。雖然第280天是預產期，但超過預產期1～2週，仍沒有生產跡象的例子屢見不鮮。

超過預產期時，必須顧慮下述各點：

胎死腹中：由於超過預產期，造成胎盤老化，不能提供胎兒氧氣、養分，使胎兒無法撐到分娩即死亡。

這種情況常發生在第一次生產的孕婦身上。非第一胎的產婦就比較輕鬆，即使超過預產期，胎盤多少會老化，但多不會有胎死腹中的情況。

對第一次懷孕的婦女，只要超過預產期一天，危險就隨之增高。

超過預產期2週仍屬正常範圍，但也有才超過10天即胎死腹中的案例。總之，孕婦患有妊娠中毒症，則胎盤老化的現象，在預產期之前即可檢查出來，不可對未到預產期而掉以輕心，應時時小心提防，以順利產下寶寶。

進行各種檢查

超過預產期且有危險性的話，可用催生的方式，引起陣痛，但要經各種檢查之後，才可判斷能否催生。

●檢查子宮頸的狀態。胎兒的發育較慢，即使超過預產期很多天了，子宮口仍緊閉。

●檢查激素及胎盤的功能。若動情激素（雌三醇）低於標準以下，表示胎盤機能惡化。

●在正常的狀態下，在開始陣痛之前，先裝置分娩監視器，監看胎兒心拍數的變化，依胎兒心拍數變化的形態，來推測胎兒的狀況。

●當孕婦感到微弱的陣痛時，裝上分娩監視器，以觀察胎兒對子宮收縮的忍耐程度，如果子宮沒有收縮，即採人工的陣痛方式。

先進的醫療設備及技術，能早期發現異常

胎兒在腹中缺氧，陷入險境，這種狀態稱為超過預產期胎盤機能不全症候群，此時的胎兒枯瘦，全身都是皺紋。

在醫學不發達的昔日，超過預產期，胎死腹中的情況很多。今日以先進的醫療設備及技術能早期發現異常，挽救胎兒的寶貴生命。

胎　盤

胎盤是母體維繫胎兒生命的命脈

胎兒成長發育所需的氧氣、養分，透過胎盤吸收，且排泄物、二氧化碳亦經由胎盤送回母體。但胎兒送回母體的廢物，是極小的物質，不會造成母體的排斥，故能安全無虞的孕育胎兒10個月，順利產下小寶貝。

胎盤是母體維繫胎兒生命的命脈。母體及胎兒靠胎盤分隔，各自獨立。例如：A型的母親可孕育B型的胎兒，實在是不可思議。

一般的輸血或移植內臟若血型不同，體內會產生排斥，甚至危及生命。

但為何母體及胎兒不會有互斥的現象，事實上，關鍵在於胎盤。靠胎盤中的膜分隔，使母體及胎兒的血液不會混在一起。

但有些狀況下的胎盤會危及母體及胎兒的生命安全。其一是前置胎盤，顧名思義是指胎盤的位置不對，胎盤在子宮口，分娩時會引發大出血。

另外，正常的分娩，胎兒脫出之後，胎盤才會脫出子宮，但若是胎盤比胎兒早脫出子宮的話，即是所謂的正常位置胎盤早期剝離，亦會危及母體、胎兒的生命。

超過預產期未見分娩的跡象，可能會因胎盤老化無法充分供應胎兒氧氣、養分，造成胎死腹中。胎盤有一定的壽命，完成孕育胎兒的10個月後，胎盤的任務及生命隨即結束。

回家鄉生產
最晚應在預產期的前一個月動身

提早向家鄉所在地的醫院預約，回家之後，立即向該院的主治醫生報到，並提出孕期中的血壓、尿液、血液等數據以供參考。

爸爸在家等小寶寶……產後若母體的恢復及寶寶的發育良好的話，6~8週即可回家。快的話，接受產後1個月的健康檢查後，即可動身回家。

參考搭乘飛機的規定再擬定計畫

近來接近預產期輕鬆回家鄉生產的孕婦越來越多。但是若在車上或途中分娩，易使胎兒窒息而死或因大量出血危及母體、胎兒生命。

●關於孕婦何時動身回家鄉生產一事？依航空公司對孕婦搭乘飛機的規定，解答如下：

①懷孕未滿8個月搭飛機者，無特別的規定。

②懷孕滿8個月以上搭乘飛機者，要提出醫師的診斷書及本人的切結書。

總之，「懷孕未滿8個月無特別的規定；滿8個月以上的孕婦需提出證明」。最理想的回家鄉時期是在孕期的第7個月左右。

●回家鄉的前一天，一定要前往醫院診察，接受醫生的指示。回到家鄉之後，要立即前往醫院報到並作產檢。另外母子健康手冊也要隨身帶著，因記載著孕期中的各種檢查結果及狀況，是分娩時不可或缺的重要資料。

依航空公司孕婦搭乘飛機的規定，懷孕滿8個月以上者，必須提出醫師的診斷書及本人的切結書。懷孕未滿8個月，孕婦搭乘飛機和常人一樣，沒有特別的限制，是最理想的返鄉生產時刻。

返鄉的交通工具，最好選擇搖晃較少的捷運或高速火車。若到機場的路程不遠，建議孕婦搭飛機。若返鄉的車程需2~3小時的話，可乘坐自用車，若在3小時以上，則每隔一小時要下車呼吸新鮮的空氣並稍作休息。

確認數據及詳細填妥連絡事項

●在家鄉當地負責接生的醫師，對孕婦在孕期的情況都不了解的話，若有突發狀況出現，無法立即判斷，對孕婦及胎兒有不利的影響，故孕婦不要忘了攜帶母子健康手冊並詳細填妥連絡事項。

確認手冊上是否詳細記載血壓、尿液、血液等檢查的數據。

先向家鄉當地的醫院預約生產，回到家鄉後，立即向該院的主治醫生報到並作產檢。

●何時回家鄉比較好？不知何時會生？生完後何時返家？與其不斷的煩惱這些問題，不如先和醫師商談之後，以所謂的計劃分娩解決這些惱人的問題。在適當的時期住院，計劃分娩是解決回家鄉生產的方式之一。

●在外打拼的先生……對母子的擔心是可以想見的，母體及嬰兒的狀況良好的話，產後6~8週即可返家與孩子的爸爸相聚。若相距不遠，產後一個月的檢查完畢之後，即可返家。

多胞胎及排卵劑

多胞胎應注意的事項

●現今拜精密的超音波斷層掃瞄之賜，在懷孕初期（4～7週）可看到胎兒所在的胎囊有2個。若在懷孕的第3個月，2個胎囊出現3個胎兒的頭，此時即可確定孕婦懷了3胞胎。

●以前，懷孕末期的產檢，若子宮底或腹部比起應有週數的大小來得大，可以觸摸的方式發現腹中有2個身體及2個頭。

　在醫學不發達的時代，生產的時候，還不知道孕婦懷的是雙胞胎。在今日，絕對不可能有這種情況發生。

●若懷雙胞胎必須小心防範妊娠中毒症及早產。雙胞胎比起單胞胎，孕婦腹部承受的重量更大，身體笨重不靈活，更加重全身的負擔，易出現重度的妊娠中毒症，80％左右的雙胞胎孕婦，會比預產期平均約早3週分娩。且新生兒多爲早產兒。

排卵劑的效用及副作用

　以前90例的懷孕中約有一孕婦懷雙胞胎，8100例的懷孕約有一例的三胞胎。但使用排卵劑之後，出現以前少見的五胞胎、六胞胎。使用排卵劑不一定都是產下多胞胎，但其副作用之一就是容易生下三胞胎。

　而且，使用過多的排卵劑易引發卵巢腫大，造成卵巢囊腫，嚴重的情況使腹部、胸部積水，須住院治療。故使用量的多寡很難拿捏，婦產科醫師須極嚴格的控管及追蹤。

　持續注射排卵劑的期間要住院，且每日檢查注射的效果及副作用。

　排卵劑對想要小寶寶又無法懷孕的夫妻而言，是一大福音，但不可小覷其所帶來的副作用。

第4部
生產前後

正式進入分娩期

分娩之前應備妥住院及寶寶所需的用品

準備好住院所需的用品

在孕期的第8個月，就要開始準備住院及寶寶所需的用品。

●先將所需的用品裝在袋子或箱子，放在明顯的地方。請家人幫忙整理所需的物品。

●依所住的醫院而異，攜帶的物品也不同，詳讀醫院設備的簡介，若有不清楚的地方要問護士。

●新生兒的用品，有些醫院會準備，有些要自理，先確認分娩醫院有無提供，若沒有的話，要和媽媽的用品分開放，裝在另一袋。

●產後一個月內產婦不可外出，出院之後，在家所需的嬰兒用品應事先準備好。

由於親朋好友會贈送滿月禮等，視情況的需要儘量不要買過多的用品，夠用即可。嬰兒床、體重計、嬰兒車等，可向親戚或朋友詢問能否借用。

的物品

母親的用品

●棉製、前開襟的睡衣3~4件
●寬鬆的居家服
●緊身式的束腹帶2件
●丁字帶2條(有些醫院會提供)
●產褥用的床單(有些醫院會提供)
●產褥用的衛生棉(有些醫院會提供)
●胸罩、內衣、內褲等2套換洗
●洗澡用的毛巾2~3條(餵乳時包嬰兒用)
●紗布(30cm見方)20條左右
●塑膠袋(裝垃圾、污物)4~5個
●盥洗用具(牙刷、牙膏、牙粉、肥皂、梳子、化妝水、乳液等)
●飲食用具(湯匙、筷子、小調羹、水果刀等)
●面紙(盒裝的比較方便)
●包巾2~3條(方便出院時打包用品)
●其他如拖鞋、襪子、附耳機的小型收音機、垃圾桶、熱水壺等方便使用。

事先應備妥的嬰兒用品

- 墊被、蓋被各１條，毛毯１～２條，各式的襁褓披風各２件。
- 毛巾毯１件
- 嬰兒車
- 洗澡用的毛巾
- 洗澡盆
- 溫度計
- 嬰兒用的肥皂
- 嬰兒用的體溫計
- 嬰兒用的棉花棒
- 指甲剪
- 奶瓶２～３個及奶嘴數個
- 脫脂棉
- 消毒棉
- 衣服(內衣褲、長褲、貼身的棉衣等，依季節準備)
- 紙尿布(新生兒專用的一包)

住院所需

必備的文件

- 到了懷孕後期，事先整理好產檢及分娩所需的文件，放在隨身攜帶的皮包中，和其他住院所需的用品放在一起。
- 產檢證
- 母子健康手冊
- 健保卡
- 預約住院單及住院申請書(有些醫院不需要)
- 印章
- 原子筆、小筆記本、零錢等

嬰兒所需的用品

- 出院時需要嬰兒袍、內衣、長褲、襁褓等各１件，尿布或尿布墊各２套。請隨著季節作調整。
- 紗布手帕數條(擦拭口水用)
- 帽子(冬季防寒，夏季防曬)

接近分娩的信號

出現症狀時，約3週到數日內即分娩

常覺得肚子餓

在骨盆中胎兒的頭部朝下，由下往上頂時，會覺得胃部很舒服，食慾大開。

胎動變少

預產期前的2～3週，胎兒變得比較安靜不太活動。

黏性的分泌物增加

透明黏狀的分泌物增多是分娩的前兆。

分娩的前兆一起出現

雖然尚未分娩，也應將前兆當作分娩前的準備。接近分娩期的2～3週前，就會出現各種症狀。

● 骨盆中胎兒的頭朝下，子宮也往下，使腹部看起來有下墜的感覺，胎兒此時由下往上頂，會讓胃部舒服。

● 之前活動力旺盛的胎兒，由於已轉到骨盆腔的下方，所以胎動減少。但事實並非沒有胎動，請放心！

● 子宮、陰道爲分娩而變得柔軟，子宮頸開口，使透明白色、黏狀的分泌物增加。此時離分娩還有一段時間，若出現混有血液的褐色分泌物時，表示快要生了。

常感覺腹部脹脹的

到了懷孕末期，子宮開始微弱地收縮，一天之中有好幾次覺得肚子脹脹的。越靠近分娩期，感覺腹部脹的頻率越來越多，若出現規律性，每隔10分鐘左右即有脹脹的感覺，表示即將要生產了。

頻尿

胎兒的頭朝下，壓迫到膀胱所致。

腹股溝疼痛、抽筋

胎兒的頭壓迫到骨盆內的神經所引發的症狀。

有別於陣痛的腹痛

●輕微的腹痛或覺得脹脹的，下腹變硬。一天中若感覺好幾次腹部脹脹的，且間隔的時間很短的話，表示就快生了。

但是疼痛不像生產時般的強烈，若是不規律反覆的疼痛，不須過度慌張。

●位在骨盆腔下方的胎兒，壓迫到膀胱，使孕婦尿意頻頻。晚上起來上好幾次的廁所，且有排不乾淨的感覺。

同理，因壓迫到腸管，容易造成便秘。

●位在骨盆腔下方的胎兒，壓迫到骨盆內側的神經，引發腹股溝疼痛、抽筋，走路不便等。有些時候是爲了方便生產，腰骨關節會稍微鬆弛所引起的疼痛。第一次懷孕的婦女比較容易感到這類的疼痛。

●因胃部舒服，故食慾佳。

開始分娩的3個信號

不要慌亂，弄清楚狀況，儘快就醫

1 陣痛

規律性每隔10分鐘發生一次

之前每天好幾次感覺肚子脹脹的，漸漸地趨向規律，約每隔10分鐘左右開始陣痛。要記錄陣痛的時間。

2 分泌物增多

出現帶有血液的褐色分泌物

包裹胎兒的胎膜從子宮剝離，滲出血液，粉紅色的血液夾雜在褐色的分泌物中。

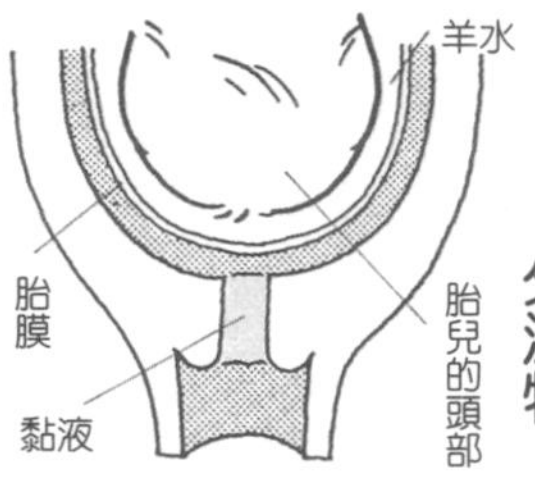

①分泌物增多前的狀態

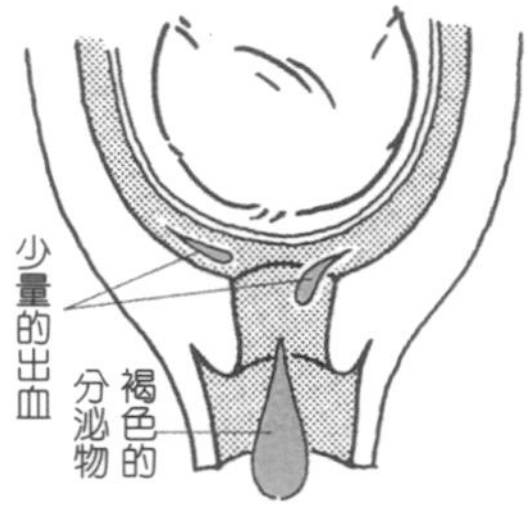

②不久，胎膜剝離

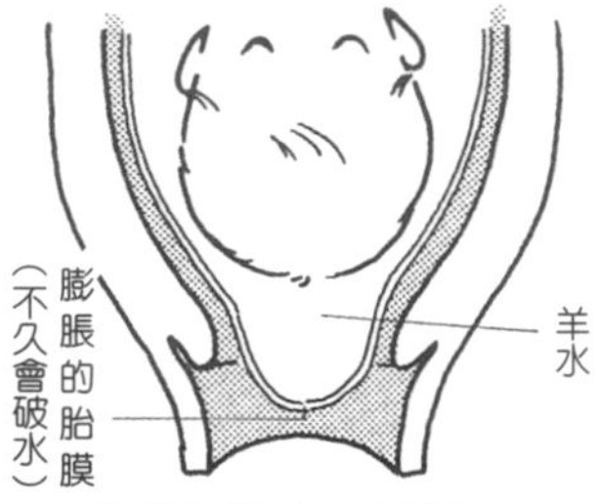

③胎膜因羊水而膨脹

只要出現其中一個信號，表示即將分娩了

只要出現上述其中一個分娩的信號，應立即聯絡醫院前往辦理住院。

●每隔10分鐘反覆的出現陣痛，且間隔的時間越來越短，陣痛不只是下腹痛，肚子也會變硬且發生規律性的疼痛。疼痛約每隔10分鐘一次的話，是分娩的信號。

一般來說，第一次生產的婦女每隔10分鐘陣痛一次，而有生產經驗的婦女每隔20分鐘發生一次時，就要前往醫院比較安全。

●出現褐色的分泌物，也是即將臨盆的徵兆。

分娩時子宮口開，不久包裹胎兒的胎膜剝離子宮而出血。血液混合著子宮頸的分泌物而流出。

出現呈褐色帶粉紅色血絲的分泌物，但不是立刻開始陣痛，有時會延遲2～3天才會分娩。

3 破水

有微溫的液體流出

一般是住院之後，經強烈的陣痛，子宮口全開時才破水，若之前就破水的話，應儘速前往醫院。

若破水，要墊上衛生棉，儘快到醫院。

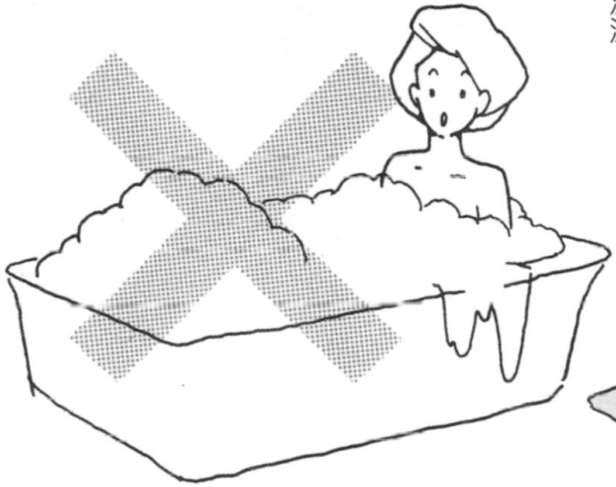

怕細菌感染有危險，不可洗澡。

破水之後應立即前往醫院

●漸漸地接近分娩的階段，子宮口全開，胎膜破裂，羊水流出，謂之破水。羊水如溫水般，故與分泌物很容易區別。依子宮口開的程度又有所謂的早期破水。

總之，只要破水，就要立即聯想到分娩，多數的孕婦是在產房內才破水。

早期破水是指子宮口尚未全開，也無陣痛的跡象，但羊水流出來，是分娩的前兆，住院前若未發現，易造成細菌感染。破水後經過48個小時以上，子宮中的胎兒及20%的羊水會受到不同程度的細菌感染，不可大意輕忽。

首先，破水之後絕對不可以洗澡。墊著乾淨的紗布或衛生棉，儘速搭車趕往醫院，即使離醫院很近也不可以步行前往。在車上，儘量抬高腰部斜坐。

順產所需的3種力道

母體及胎兒雙方的力量＝母親的用力、產道、胎兒

1

陣痛及用力

生出胎兒的2種力量

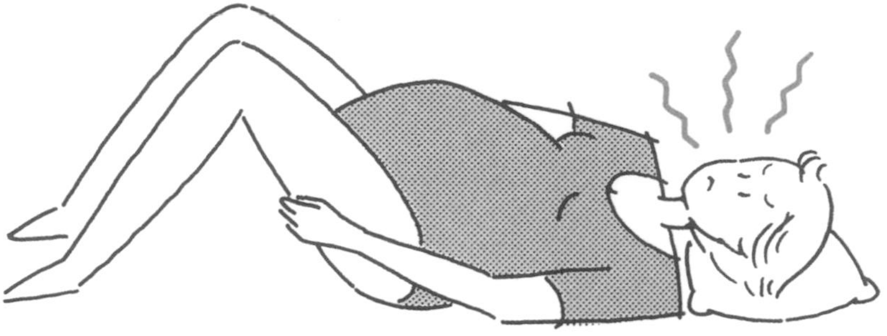

母親的用力再加上陣痛產生的腹壓。母親的任務是隨著陣痛使勁用力，效果會很好。

2

產道

胎兒通過2個產道

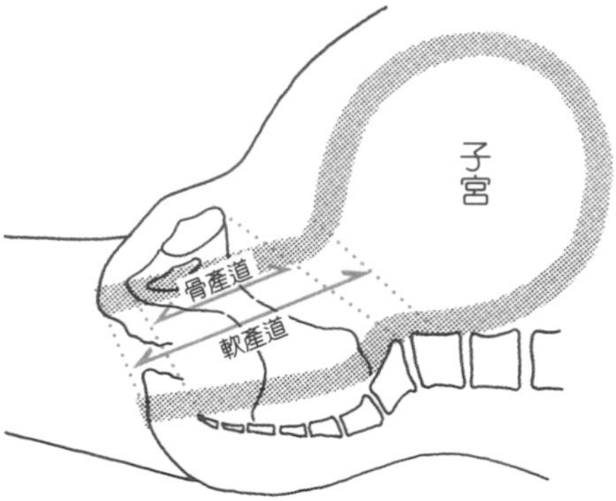

骨產道及軟產道

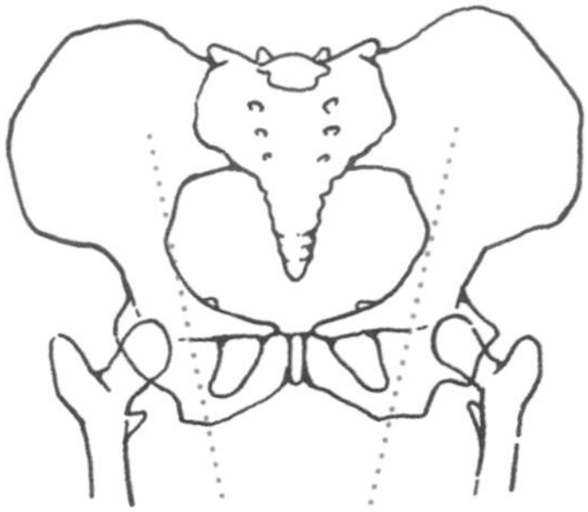

骨盆的正面

陣痛及使勁用力

胎兒的頭部進入骨盆腔，到了分娩時，因子宮收縮造成陣痛外，再加上母親隨著陣痛的用力使勁。

使勁用力是母親自然的反應，胎兒要脫出，但陣痛卻不夠，藉母親腹壓所產生的自然力量，將胎兒生出。藉由陣痛及使勁用力，將胎兒推下產道，通過陰道生出。

在這種情況下，母親的使勁用力是反射性的動作，使勁用力的方式不對或力道不夠，會延長分娩的時間，不但母親累，胎兒也很累，所以在生產前，母親就要開始練習如何使勁用對力量。

軟產道及骨產道

胎兒經過的路線稱爲產道。產道分爲2種：軟產道及骨產道，胎兒通過這2個產道脫出母體。

軟產道是指子宮下部、陰道及外陰部。血液循環良好且柔軟，胎

3 胎兒

胎兒的頭部回旋配合頭骨而生出

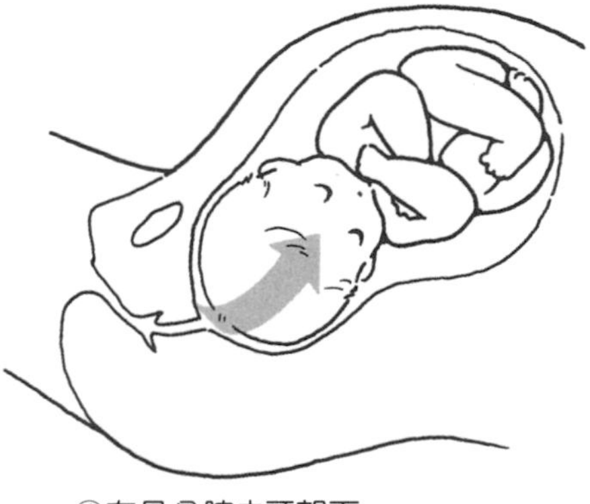

①在骨盆腔中頭朝下

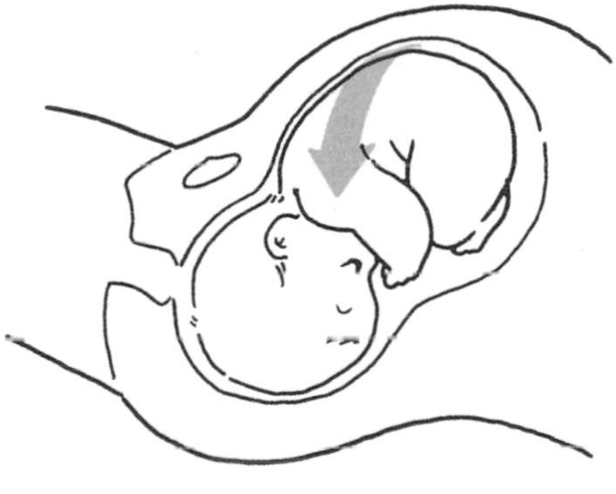

②面向母親的背部

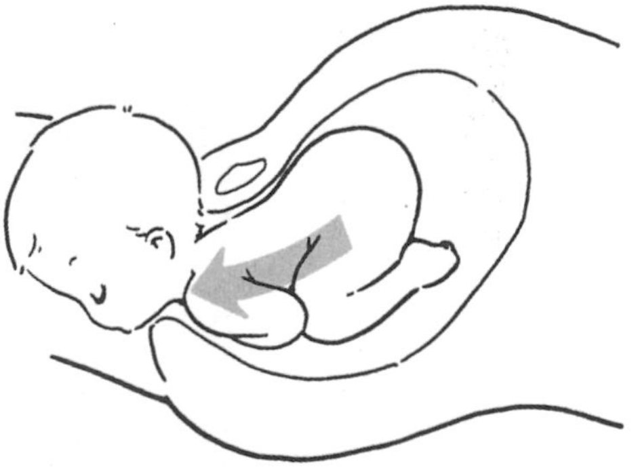

③頭部脫出子宮

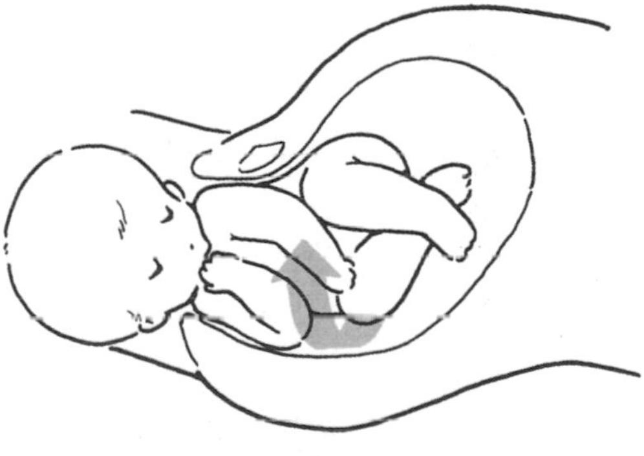

④再次側身橫向，肩膀脫出。

兒可平安的通過。骨產道是指包裹軟產道的骨盆。

骨盆堅硬、狹窄且彎曲，上部左右開闊，下部前後長。

骨盆是否有足夠的空間讓胎兒通過？軟產道的肌肉是否柔軟且具韌性？這些都是產道的重要條件。

胎兒頭部的回旋

胎兒通過產道時，頭回旋脫出母體，稱爲「胎頭回旋」。

雖然胎兒的頭先出，因破水使產道潤滑，胎兒脫出是採頭部配合產道的姿勢。

在骨盆腔口，胎兒的頭朝向側面，中途變換姿勢，到了骨盆腔的下方出口，改爲直向。胎兒的頭前後呈橢圓形，且頭蓋骨尚軟，故能配合骨盆，變化頭形，順利通過骨產道。

分娩的步驟

母親忍住陣痛，胎兒亦努力脫出

第I期（開口期）

子宮開始規律性的收縮，約每10分鐘引起一次陣痛，到子宮口全開前的階段。
第一次分娩的孕婦約10～12小時左右，有生產經驗的孕婦約5小時。

胎兒的狀態

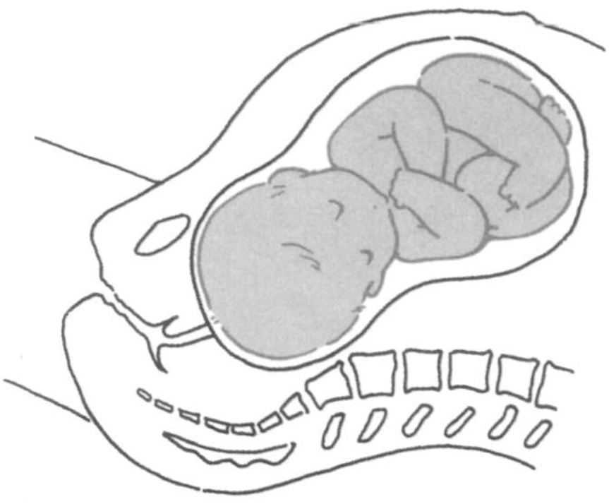

←陣痛剛開始，子宮口仍呈緊閉的狀態。

第I期的狀態

●子宮收縮引發疼痛，血液不易流到子宮。若收縮緩和，血液的循環比較好，能供給胎兒充足的氧氣。開口期每隔10～20分鐘陣痛一次，陣痛的時間約10～20秒。

●此時子宮因收縮，子宮頸往上提並擴張。另一方面，羊水因周圍的壓力而使胎膜膨脹，以壓迫子宮口全開。

●子宮口已開4cm以上者，子宮會變得柔軟且薄，此時應將孕婦推進陣痛室或產房。

●經過上述的過程後，陣痛稍微緩和時，可採或坐、或臥的舒服姿勢，聊聊天，說說話，準備進入分娩的第II期。

母親的任務

緩和疼痛的按摩法①

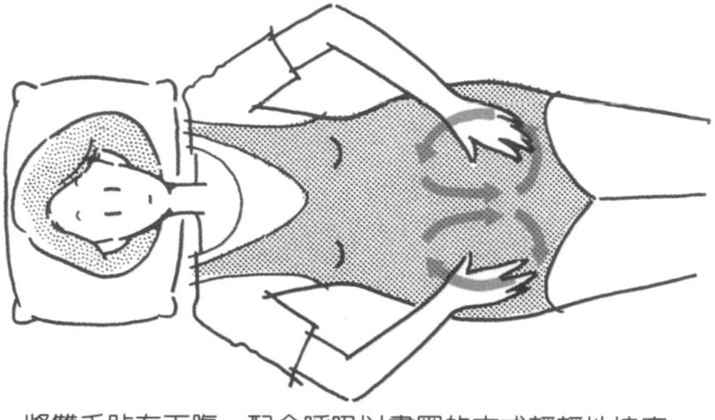

將雙手貼在下腹，配合呼吸以畫圈的方式輕輕地按摩。

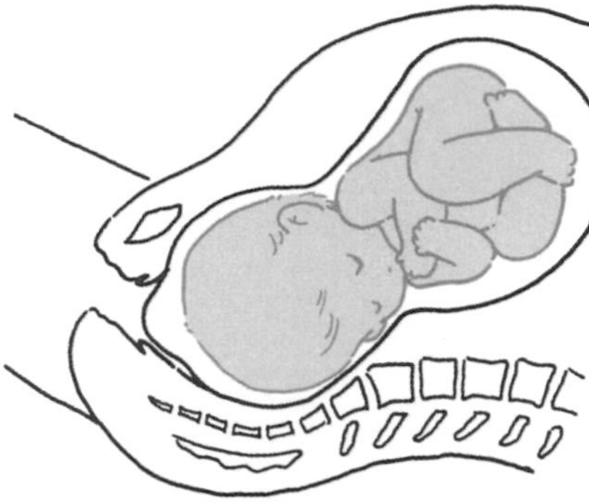

←胎膜膨脹，由子宮的內部壓迫子宮口。

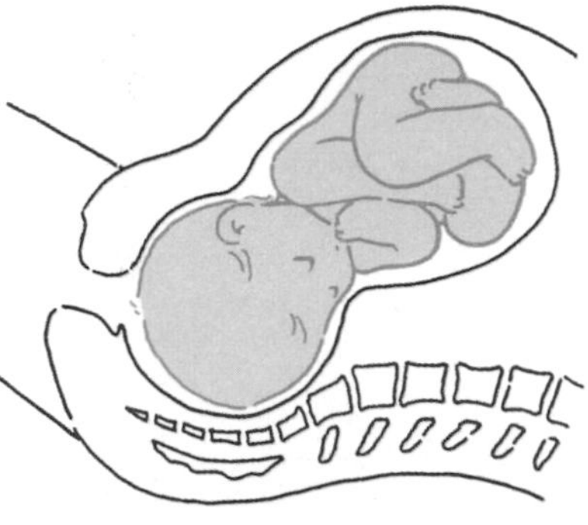

←子宮口全開，胎膜破裂，造成破水。

●第I期的後段，若陣痛劇烈，可採腹式呼吸法或按摩腹部緩和。仰臥側躺，將腹部靠在軟墊上，以最舒適的姿勢進行腹式呼吸，每分鐘約深呼吸10次，反覆吸氣3秒鐘、吐氣3秒鐘10次，剛好一分鐘。以按摩腹部配合腹式呼吸法緩和陣痛的效果最佳。

●雙手輕貼住下腹，以畫圈的按摩方式，一邊吸氣一邊自下腹往側腹畫半圓直到肚臍的上方，一邊呼氣一邊由肚臍的上方往下按摩回原來的地方。

●水平式的按摩：首先將手掌貼在下腹，雙手的拇指放在肚臍，拇指與食指呈倒三角形，一邊將雙手緩慢的移向側腹後，一邊吸氣，再一邊呼氣一邊將手移回原位。

　不妨試一試這個簡單有效的按摩方法。

●在陣痛產生之前先吃飯。

●按照指示去上廁所。

緩和疼痛的按摩法②

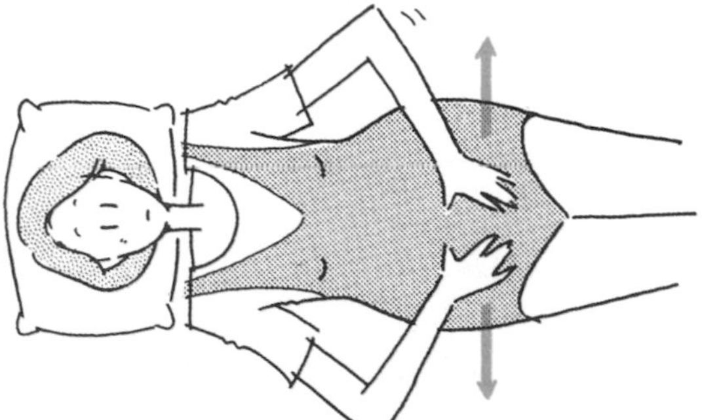

雙手貼在下腹如圖所示，以水平方式移動按摩。

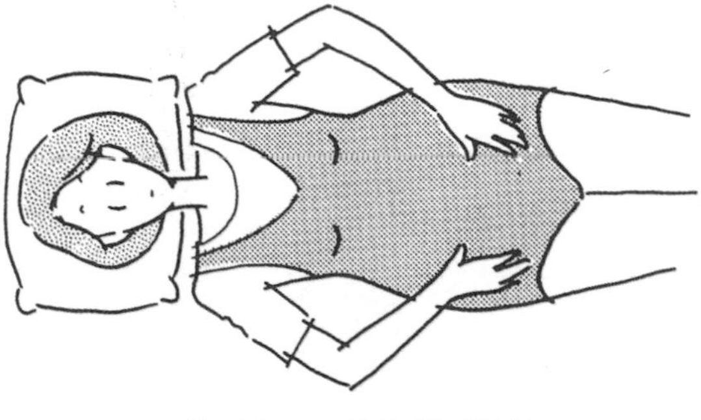

一邊吐氣，一邊按摩回原處。

第Ⅱ期（娩出期）

子宮口全開，胎兒經過產道的階段。

第一次分娩的孕婦約2～3小時，有生產經驗的孕婦約1～1.5小時。

胎兒的狀態

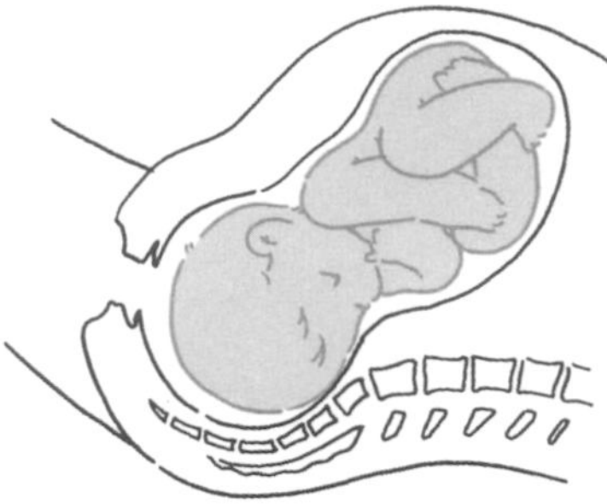

←娩出期開始，胎兒要進入產道。

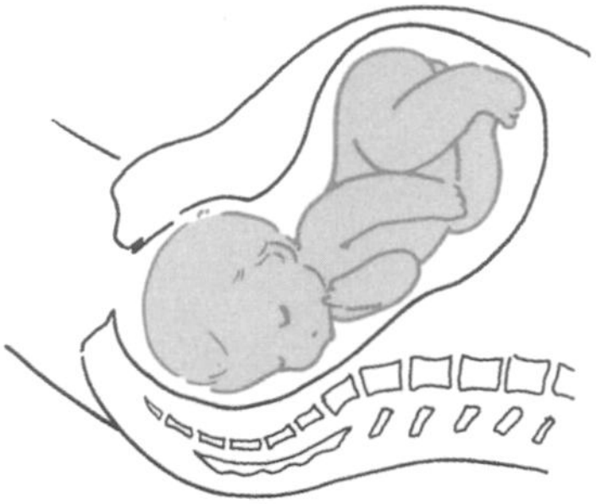

←排臨　子宮收縮時，胎兒的頭部若隱若現。

第Ⅱ期的狀態

●子宮口全開，破水之後，胎兒將進入產道，此時孕婦應進入產房了。

●陣痛越來越劇烈且間隔的時間縮短。陣痛發生，可從外陰部若隱若現的看到胎兒的頭，母親要使對力量，即使陣痛稍緩，醫護人員也不可硬拉出胎兒的頭。

●此時母親須用相當大的力量，是分娩的高峰期。陣痛持續，腹壓不再增加，自然地使勁用力。

●第Ⅰ期的開口期，疼痛緩和之後，應抓緊時間休息以儲備力量。但在這時期必須用對力量使勁，將胎兒生出。只是靠陣痛的力道，無法生出胎兒。

●在本期，正確的使勁用對力道非常的重要。在分娩前即應練習。但有流產或早產的孕婦，在練習前要經過醫師的同意。

母親的任務

若感到腰部劇痛

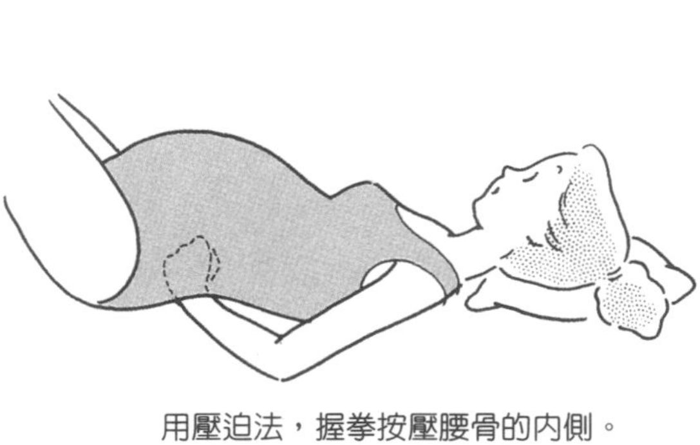

用壓迫法，握拳按壓腰骨的內側。

以四指按壓的壓迫法

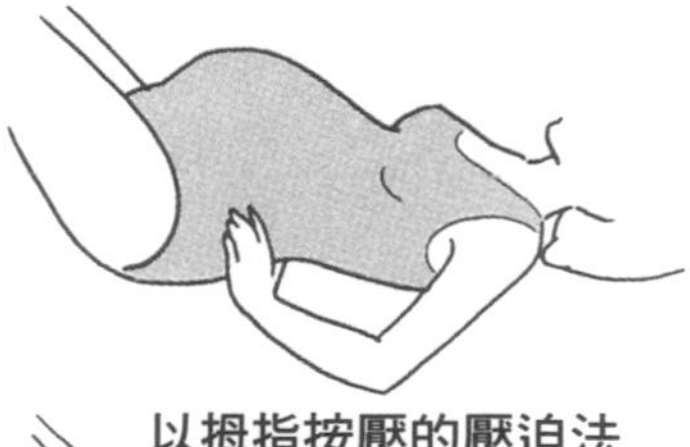

以拇指按壓的壓迫法

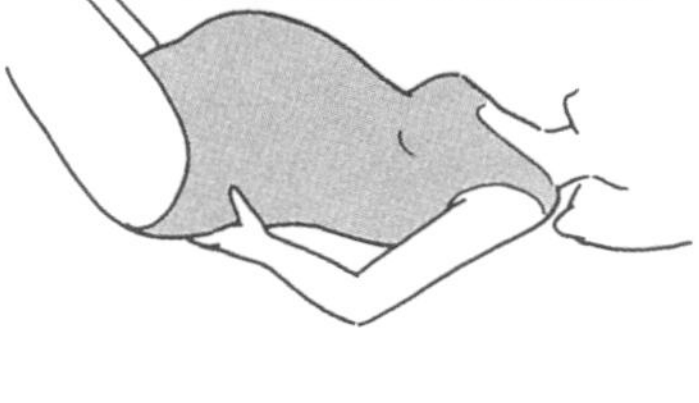

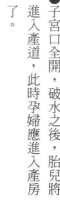

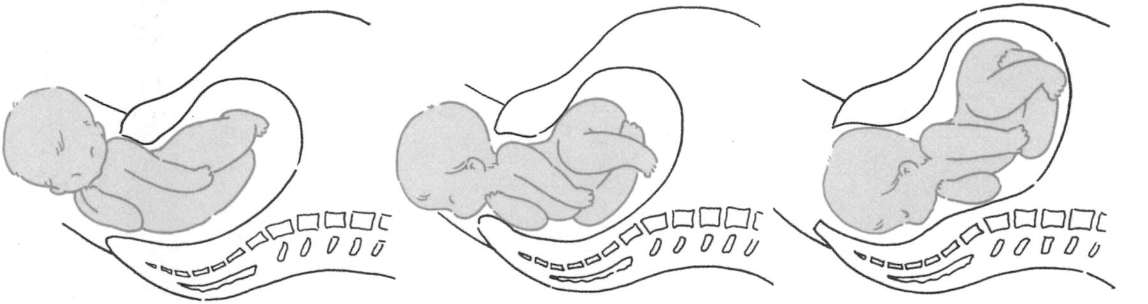

←頭向側面，肩膀脫出。　←胎兒的頭部慢慢地出子宮口。　←發露　沒有陣痛時，可看見胎兒的頭部。

●使勁用力的方式：仰臥縮下顎，膝蓋彎曲，雙手抱住大腿的下方並貼近胸部。

屏住一大口氣，如排便時將力量集中在肛門。使勁用力的時候，大聲叫喊或煩躁，只會更加疲勞且耗費體力。

實際上，在陣痛剛開始發生時，不可立即用力使勁，疼痛來臨時，深呼吸2～3次，最後吸進一大口氣屏住，等疼痛稍微舒緩之後，再全力吐氣，放鬆身體，接著做腹式呼吸。

●胎兒的頭出來之後，要按照醫生或護士的指示，全身放鬆，作張口哈氣——哈、哈、哈的短促呼吸。

●在開口期，子宮呈半開的狀態時，腰部會疼痛。以壓住腰骨內側的壓迫法緩和腰痛。

雙手抓住腰骨，一邊吐氣一邊用拇指按壓，吸氣的時候拇指不施力，若拇指的力道不夠，可以另外4根手指用力按壓。

看到胎兒的頭部

停止用力使勁，改以哈、哈、哈的短促呼吸。

用對力量使勁

配合陣痛的頻率，用對力量使勁。

第Ⅲ期（胎盤期）

胎兒脫出後，不久子宮中的胎盤流出，是分娩的最後階段。剪斷臍帶到胎盤脫出約15~20分鐘左右。

胎兒的狀態

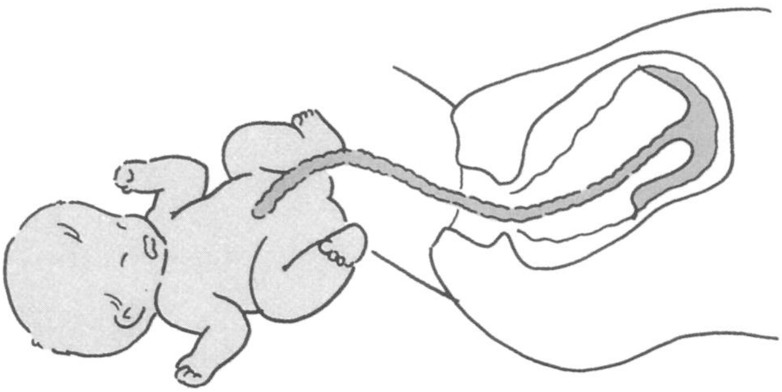

嬰兒誕生。大口的吸了外界的空氣，瞬間聽到新生兒的哭聲。

第Ⅲ期的狀態

●要用導管將新生兒鼻中、口中的黏膜、羊水、血液等吸出。吸出的瞬間新生兒吸入外界的空氣，哇哇大哭。接著剪斷臍帶。

●剛分娩後的子宮，急速收縮變小變硬，一般約15~20分鐘，快的話約5~10分鐘，胎盤隨即脫出。

產後要依醫生的指示，輕輕的用力。

胎盤剝離時，多少會引起出血，但近來因注射子宮收縮劑，出血量減少。

●生出嬰兒、剪斷臍帶、胎盤全部脫出、母親止血後，分娩才算順利完成。

●嬰兒出生後，母親自長期的陣痛中解脫，易陷入恍惚的狀態，要記得感謝接生的醫生及護士。

母親的狀態

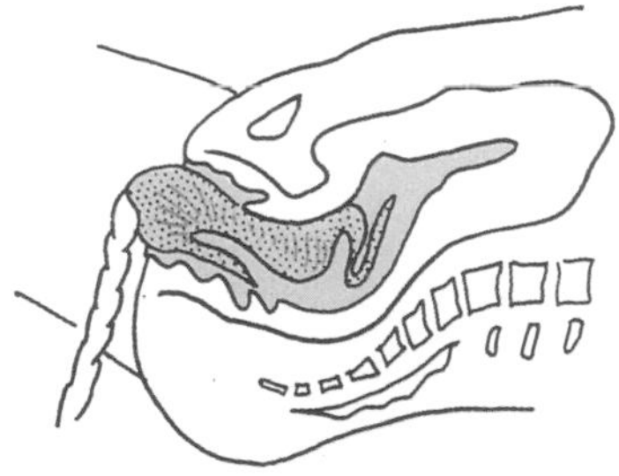

生產後的10~20分鐘，胎盤從急速收縮的子宮剝離。此時會有輕微的陣痛。

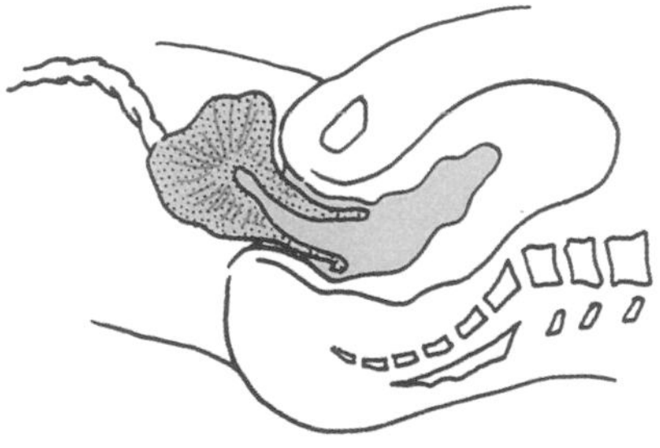

在胎兒出生後，輕輕用力，脫出胎盤，多少會引起出血。

新生兒的護理

剪斷臍帶之後，新生兒是一獨立的個體，將他洗淨後，和辛苦的媽媽見面。

1 準備熱水

剪斷臍帶的新生兒，要檢查其是否有異常。大多數的醫院都會在新生兒的手或腳上繫上寫有媽媽名字的名條。這是因爲曾發生抱錯小孩的案例。

準備熱水，將沾著母親血液、羊水、胎便等剛出生的嬰兒清洗乾淨。

2 測量體重等

洗完澡之後，量體重、身長、頭圍、胸圍並記錄下數據。

新生兒體重的平均值，男寶寶約3200～3300g；女寶寶約3100～3200g，身長大多是50cm左右。體重未滿2500g的嬰兒大多放在保溫箱中，由於近來早產兒醫療技術突飛猛進，故無須擔憂。

3 母子見面

母子見面，對在分娩台上歷經長期疼痛的母親而言，是最感欣慰的一刻。護士抱來寶寶，是像爸爸還是媽媽呢？

選擇合適的分娩醫院

——收集資料，選定能提供完善分娩方式的醫院——

何種醫院能提供完善的分娩方式

任何人都希望能平平安安地生下小寶寶，但每位孕婦要求分娩醫院提供的設備及技術不同。

孕婦想自然分娩感覺一下生孩子的疼痛，還是採使用藥物的無痛分娩，或者是希望先生陪在身邊的拉梅茲無痛分娩法等考量及選擇的面向相當多。

決定在哪個醫院生產前，孕婦本身要先決定採用何種分娩方式，請先確認下述所舉出的各項重點：

● 在一般的醫院及婦產科醫院分娩的方式不同。有些醫院建議採用麻醉控制的自然分娩。並不是所有的醫院都有拉梅茲分娩。一些醫院也沒有所謂的計劃分娩，孕婦要事先弄清楚自己對分娩醫院的訴求後，調查清楚醫院的設備是否能應付突發的狀況，再決定在哪家醫院生產。

● 孕婦若有強烈哺乳的意願，應選擇積極指導母乳育兒的醫院，萬一乳汁的分泌不佳，母親又不願意餵寶寶牛奶時，醫院方面能否提出解決之道亦是選擇分娩醫院的重點。

● 弄清楚是母子分開或同室，若嬰兒在新生兒室的話，母親較能有休養的機會。反觀，餵奶或換尿布等在同室又比較方便，由母親自己決定。

出現異常狀況時，有無快速的解決之道？

●請孕期中的主治醫生幫助。不知何時分娩，且各大醫院的系統不同，分娩不可能全靠同一個醫護人員。若希望都由同一個醫生主治的話，最好前往個人開業的婦產科醫院。

●產檢及個別指導是否周詳亦爲考量的條件之一。產檢的內容皆大同小異，孕婦擔心懷孕或不清楚生產的情況，能否充分的個別指導亦是選擇醫院的要件之一。

●選擇離家近的醫院？或是雖然遠，但其設備或醫療技術符合孕婦的訴求，這也是選擇分娩醫院須考量的要件。

●選擇綜合醫院或婦產科醫院？亦是一項難題，若發生妊娠中毒症或合併症，選擇各科皆有的綜合醫院比較好，因爲方便各科的醫生會診。但是婦產科醫院比較有家的感覺，能使心情放鬆。必須事先做好發生緊急狀況的應對措施。

產後的照顧

●綜合醫院或婦產科醫院都有單人病房或多人一室的病房，由孕婦自己決定。

　住在多人的病房，同房的產婦有些已有生產的經驗，大家可以交換心得，互相打氣加油，增強信心。有些孕婦希望產後能好好的休養，若住在多人一室的病房裏，干擾太多無法休息，反而造成身心不安，影響產後身體的恢復。

●回家鄉生產時，不要凡事都依賴娘家的母親或婆婆，孕婦應事先瞭解並確認。儘可能在懷孕中期身體安定的狀況下返鄉。若已決定由哪位醫生接生的話，應將之前的產檢狀況及身體情況向醫生簡單的說明，如此一來，較令人放心。

●不要忘了將自己選擇分娩醫院的要件傳達給醫護人員知道。醫護人員好不好溝通也是選擇分娩醫院的要件之一。

夫妻同心協力的生產方式

拉梅茲法

靠自己的力量克服生產不安的無痛分娩法

拉梅茲法又稱精神性的緩痛分娩，是無痛分娩法之一。不靠麻醉藥，親眼看著每個生產過程，用自我的力量克服生產的疼痛，親耳聽到嬰兒出生的哭聲。

醫學日新月異的進步，雖然麻醉技術也不斷的進步，但似乎回歸以往，靠本身的力量自然的分娩，被認爲是最好的方法。

約有半數以上的孕婦對分娩的疼痛感到不安。拉梅茲法的理論除了要消弭精神上的不安外，也不依賴麻醉藥劑，即能輕鬆的克服生產的疼痛。

精神性的緩痛分娩是蘇聯的生理學家巴甫洛夫(Ivan Petrovich Pavlov，1849～1936)所提出，盛行於全世界。

一九五〇年代，法國的拉梅茲博士修定此理論，提出不使用藥物的緩痛分娩法，當時正值婦女運動狂熱的時代，這種只要靠孕婦自己力量的分娩方式，以美國爲中心開始推廣盛行。

在產房陪產的先生責任重大

拉梅茲法的原理，由下述4大要點所構成。

①事先清楚的瞭解分娩的生理程序。

②平常就要練習舒緩陣痛的動作、呼吸及用對力量的方式。

③摯愛的先生要陪伴在側，夫妻共同學習緩和陣痛的方式。

④對只靠孕婦自己力量的分娩法要有十足的信心。

其中最重要的一點是分娩時，先生陪伴在身旁。拉梅茲法不是孕婦一人，而是夫妻二人同心協力完成的分娩方式，陪伴在側的先生其任務及責任重大。先生一定要和太太一同參加拉梅茲教室、準媽媽教室等指導生產的課程。夫妻對懷孕期的胎兒及母體的變化、生活上應注意的事項、異常狀況發生時的照護方法等都要非常熟悉。

現今在許多地區，先生進入產房的情況仍很少，但在練習時，先生的協助是重要的一環。

訪問以拉梅茲法分娩的產婦感想如何？多數人都回答：「生孩子非常的辛苦，我的使勁用力方式不對，練習不夠的關係。」

從這個回答中，感到身爲母親的女性是分娩過程的主要個體。孕婦本身要決定分娩時是抓著床頭冰冷的欄杆，還是緊握先生溫暖的手，目睹生產過程的分娩方式。在一知道懷孕之後，夫妻就要準備開始學習拉梅茲法。

拉梅茲法的三個重點：放鬆法、體操、呼吸法

這是拉梅茲分娩法必須學習及熟悉的三個重要課程。爲了舒緩生產的痛苦，必須反覆練習以熟悉放鬆法、體操、呼吸法。

放鬆法

分娩開始於子宮收縮所造成的陣痛。放鬆法即是緩和子宮收縮引發週期性反覆陣痛的良方。

當陣痛來臨時，放鬆身體，以緩和疼痛。

因子宮收縮而使身體緊張緊繃的話，陣痛感會更強烈，造成血液循環惡化，生完之後，還會造成肌肉痠痛。

拉梅茲法所要學習的放鬆是要放鬆臉部、手腕、腳部、肩膀、四肢、腹部、骨盆腔底部等，全身都要放鬆。

孕婦可在鏡子前自己練習臉部放鬆，眉毛往上揚，反覆做噘嘴放鬆的動作。而手、腳、其他身體部分的放鬆則需要先生協助，一起來練習。

若熟練了手、腳放鬆的動作之後，則全身、腹部或骨盆的放鬆就輕而易舉了，每天睡覺前練習可提高效果。

熟練了放鬆法之後，能隨心所欲的繃緊或放鬆，亦爲拉梅茲法最重要的重點。放鬆法不僅可緩和疼痛，且能使子宮口順利全開，縮短分娩時間。

體操

拉梅茲法的實際演練從學習體操開始。每天都要練習，其目的如下：

①矯正不良的姿勢，預防及緩和懷孕末期腰痛等不舒服的症狀。

②鍛鍊分娩時須用力的筋肉及關節。

③熟悉體操動作，以消除孕期中的疲勞。

體操每天都可以在家自己做。

拉梅茲法的體操可預防腰痛、腿抽筋、靜脈浮腫、肩膀痠痛，也能鍛鍊腳部、腳踝及柔軟骨盆等。在日常生活中，無論站著、躺著、或拿東西、或休息時，都可以做體操的練習。

最好在孕期的第6～7個月左右練習體操。

呼吸法

拉梅茲法分娩練習的課程中，最重要的當屬呼吸法。三個要點中，體操不是懷孕之初就要開始練習，放鬆法、呼吸法可在安靜的地方練習，其中呼吸法是最能直接緩和生產時所引發的陣痛及不適。

呼吸法可分爲胸部前後左右收縮、舒張的胸式呼吸，以及靠橫膈膜上下運動使腹壁膨脹、收縮的腹式呼吸。

孕婦主要是以胸式呼吸爲主，到了懷孕末期，約有50%以上的孕婦採胸式呼吸。

拉梅茲法的胸式呼吸，配合孕婦的本能呼吸。自然分娩是採腹式呼吸法。

孕期中，孕婦能持續的做好呼吸的動作，有效地吸入大量的氧氣，對胎兒的發育很重要。且分娩時將注意力集中在呼吸上，有助於消除子宮收縮所引起的陣痛。

故拉梅茲法的呼吸法，具有能提供分娩這種需要大量氧氣的作用，且可緩和陣痛。

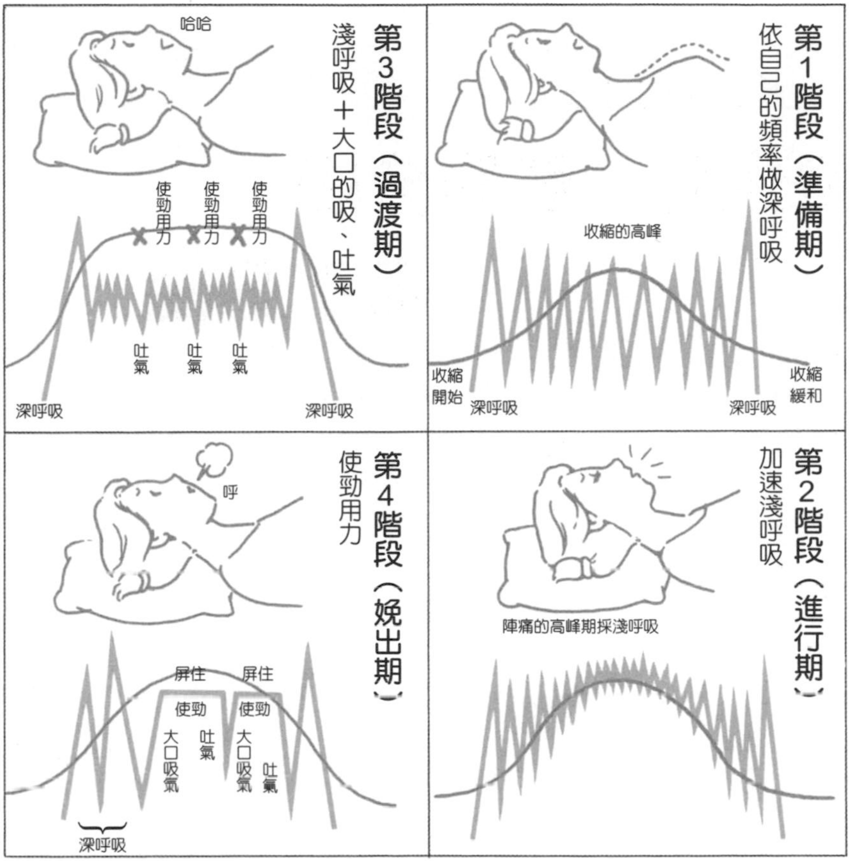
第1階段（準備期）
依自己的頻率做深呼吸
收縮的高峰
收縮開始
深呼吸
深呼吸
收縮緩和
第2階段（進行期）
加速淺呼吸
陣痛的高峰期採淺呼吸
第3階段（過渡期）
淺呼吸＋大口的吸、吐氣
哈哈
使勁用力
使勁用力
使勁用力
吐氣
吐氣
吐氣
深呼吸
深呼吸
第4階段（娩出期）
使勁用力
呼
屏住
屏住
使勁
使勁
大口吸氣
吐氣
大口吸氣
吐氣
深呼吸

配合分娩的過程改變呼吸

拉梅茲法的呼吸配合分娩的過程，可分爲以下四個階段：

●第1階段是準備期。子宮快要收縮了。首先，從鼻子吸入大量的空氣，再靜靜緩緩的呼出。

這是子宮快要收縮及接下來各階段必須要做的胸式深呼吸。然後，在陣痛時，反覆地進行三次吸氣及吐氣各3秒。陣痛消退之後，再做一次深呼吸。

●第2階段是陣痛明顯出現，且間隔的時間變短。

做一次胸式深呼吸後，口、鼻同時吸氣2秒，吐氣2秒。呼吸的速度配合陣痛的頻率，陣痛稍微緩和時，再做一次胸式深呼吸。

●第3階段是陣痛的高峰期。胸式深呼吸之後，反覆做淺式呼吸，再做深呼吸。

●第4階段是即將進入分娩期。呼吸法要配合使勁用力，在旁協助的先生其引導是此階段的重點。

有助於生產順利的方法

剖腹生產、產鉗分娩、吸引分娩

何種狀況下，須使用上述的分娩方式

能順產是最好不過的事，但有時會有突發的狀況。孕期中知道胎位不正、雙胞胎、或患有妊娠中毒症、前置胎盤、生產前的異常破水，有這些狀況出現時，不太可能自然分娩，依情況判斷是採剖腹生產，或利用產鉗、吸引等分娩方式。

剖腹生產

胎兒無法通過子宮口、陰道、外陰部自然分娩時，採用剖腹生產切開腹壁、子宮壁取出嬰兒。

古時，羅馬帝國的凱撒大帝(Julius Caesar)出生時，即是利用這種剖腹生產的手術，取出嬰兒，故剖腹生產又稱爲帝王切開術，其原由是Caesar一語含有「切開」之意，且與凱撒大帝有關聯，故又稱爲帝王切開術。

在古老時代即有剖腹生產，最近在許多地區，越來越多孕婦都採剖腹生產。

孕婦無法經正常產道分娩，如果不立即取出胎兒，危及母體及胎兒生命安全時才進行剖腹生產。不是隨隨便便就可以剖腹生產的。

必須剖腹生產的狀況

醫生在決定孕婦是否剖腹生產，須顧慮各種情形。但一般若有下述的異常時，不用考慮，一定要剖腹生產。

①前置胎盤。胎盤堵住子宮口，胎兒無法通過子宮口，且引發大出血。

剖腹生產

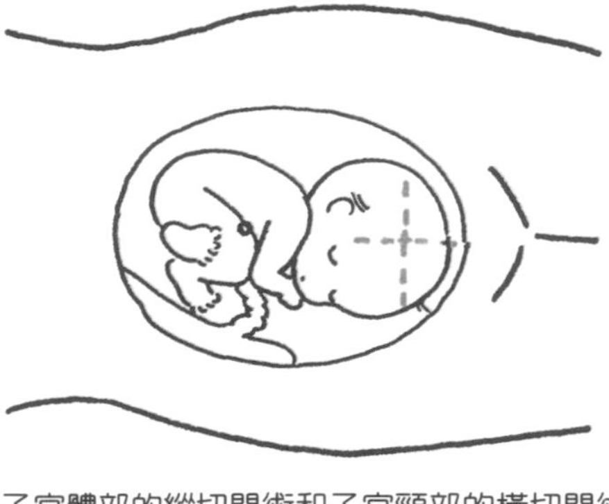

子宮體部的縱切開術和子宮頸部的橫切開術

②正常位置胎盤早期剝離。胎兒還在子宮裏，胎盤先行剝離脫出，會造成胎死腹中。

③母親的骨盆小且胎兒的頭部過大，無法通過產道。

④子宮肌瘤或卵巢囊腫阻礙產道，胎兒無法通過。

⑤胎位不正、多胞胎的分娩時間長，會危及胎兒生命安全。

⑥患有妊娠中毒症、合併症、血型排斥等，造成胎盤機能不健全，必須在預產期前取出胎兒。

產鉗分娩

分娩的時間過長，易造成母親異常的疲累且無法使勁用力；或因麻醉喪失意識，使勁的力道微弱；或者是因心臟病等合併症、妊娠中毒症等，生出胎兒的力量微弱時，必須將胎兒拉出，否則會有危險。

出現上述的狀況時，利用產鉗將胎兒拉出，稱爲產鉗分娩。

用產鉗夾住胎兒的頭拉出，很多人擔心會傷到胎兒的頭部，請放心，日後對胎兒不會留下傷害或後遺症。若長時間生不出來，反而會造成胎兒缺氧，日後可能會出現不良的影響。

但若使用產鉗分娩，必須稍微切開產道，會有出血的現象，產婦無須擔憂。

吸引分娩

在18世紀左右即有產鉗分娩。吸引分娩到了晚近才有。

和產鉗分娩使用的理由相同，胎兒在產道無法脫出母體時，用金屬製或矽膠製的吸頭杯，吸住胎兒的頭部，將其吸出母體，比產鉗夾住頭部的範圍更小，故對頭部的傷害比產鉗來的更小，對胎兒的不良影響亦小。

被吸頭杯吸住的胎兒頭部會有腫包，幾天後自然消失，不會留下後遺症。

視胎兒的狀況，再決定是使用產鉗或吸引分娩。

產鉗分娩

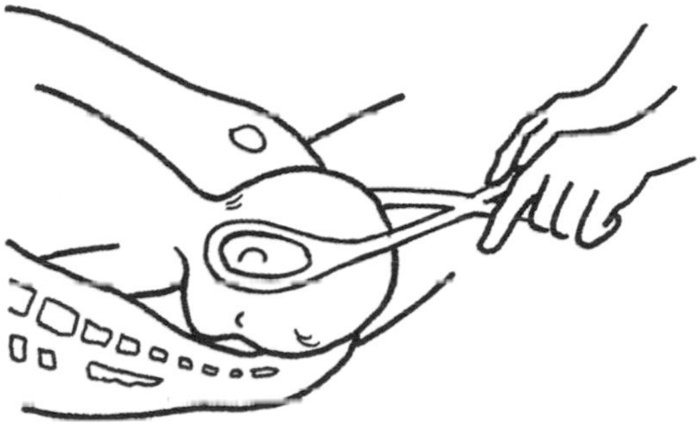

吸引分娩

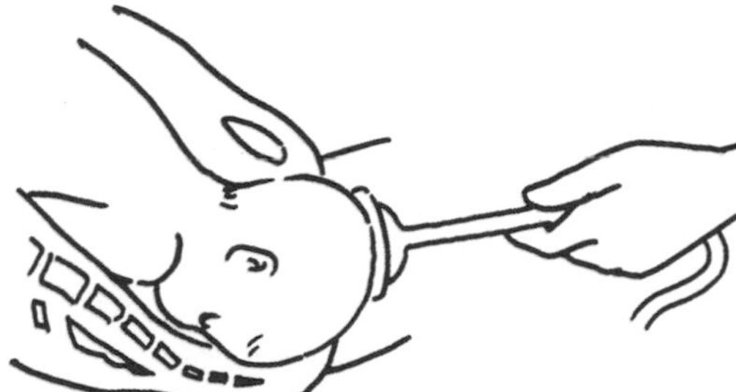

無痛分娩法

靠麻醉消除疼痛的分娩法

分娩所造成的疼痛可分為三類：子宮口全開時的疼痛、胎兒的頭通過產道即將脫出時所造成的疼痛，以及子宮收縮所引起的疼痛。

消除疼痛的方式：靠麻醉藥劑或精神性的暗示法，但以藥物的效果最佳。

全身麻醉

在分娩的第I期先讓產婦服用鎮靜劑或安眠藥等，在第II期靜脈麻醉注射或吸入麻醉氣。

麻醉藥發生效用，讓全身麻醉沒有感覺，不會有疼痛感。但另一方面，生產時所需的使勁力道也被削弱，此時大都使用產鉗或吸引分娩。

局部麻醉

有些人擔心服用或注射麻醉藥劑，會影響腹中的胎兒。故都使用最低的藥量。局部麻醉消除疼痛的效果不如全身麻醉好，但方法簡單。

局部麻醉：有緩和陣痛、腰痛的腰部硬膜外麻醉，以及外陰部神經麻醉，是舒緩胎兒頭部脫出產道時所引發的疼痛。

外陰部麻醉是最簡單的方法，麻醉外陰部及陰道下部，雖然多少仍會有陣痛感，但可緩和產道的疼痛。

針灸麻醉

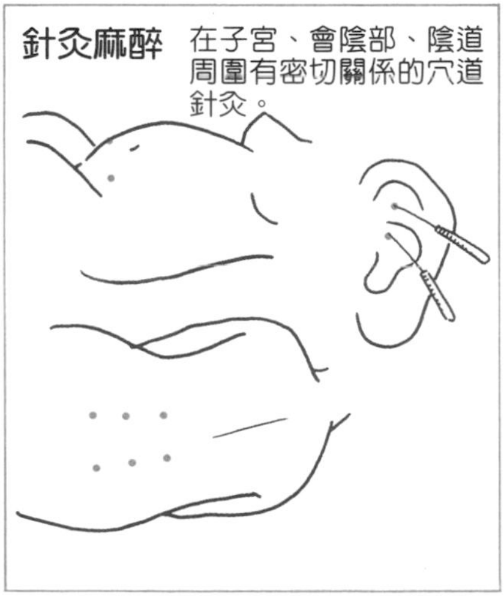
針灸麻醉
在子宮、會陰部、陰道周圍有密切關係的穴道針灸。

盛行於中國的針灸麻醉，最近成為無痛分娩法的熱門話題。

以針灸刺激所造成的虛痛，來消除分娩時的疼痛。此麻醉法產婦的意識清楚，使勁的力道不會變弱，是對其他的生理機能不會有影響的無痛分娩法。

有些醫院臨床上尚未採用針灸麻醉。

●無痛分娩法有上述的麻醉方式。但關鍵是在麻醉藥劑的使用量。故要採用麻醉分娩時，應找技術純熟的麻醉醫師及設備完善的醫院。

第5部
產後的生活

安靜休養、輕鬆育兒

產後一個月的身體恢復及生活要點

產後的生活日誌

產後第1天

早點下床活動，有助於子宮的收縮。

慢慢的走到廁所，清潔自己的惡露。醫院安排有乳房按摩的指導。第一次餵奶，產後第一天也是愉快的一天。

分娩當天的第一要務：保持安靜。隔天若無異常，產後8～12小時即可下床，先靜坐在床邊，扶著床站起來，再試著慢慢的走動。

躺在床上，可開始做一些簡單的產後體操（參考125頁），如活動腳踝等。

但是若因分娩的時間過長，造成異常疲憊，大出血或採產鉗分娩的產婦，要晚一點才能下床活動。

產後第2天

抱抱寶寶，愉快哺乳。

一邊和寶寶說話，一邊餵奶。

可以沐浴，讓身心清爽。

近來很多醫院建議，產婦在生產完的隔天即可洗澡。生產完後，新陳代謝旺盛，皮膚容易有污垢。可以擦澡或沐浴將身體洗乾淨。

如果不累的話，可在室內走一走，讓身體習慣。可在床上或斜坐著餵奶或吃飯。產後的體操要從腳趾運動開始，再慢慢的增加頭部、腹肌的運動。

產後第3～4天

出院後的育兒指導，務必記牢。

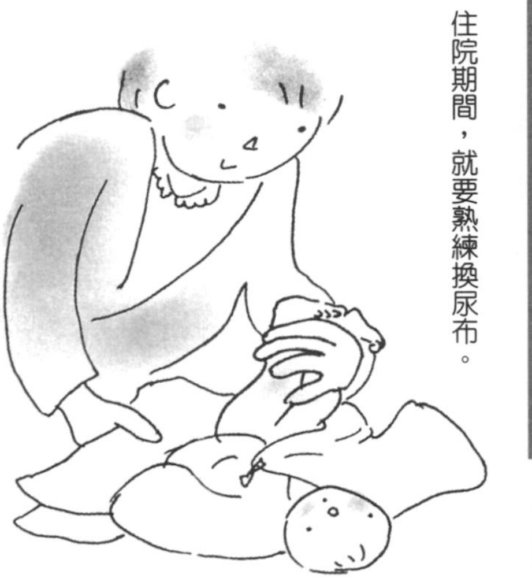

住院期間，就要熟練換尿布。

經常清潔乳房，將殘留在乳房上的乳汁擦拭乾淨。

為避免出院後的手足無措，可接受院方安排的換尿布、哺乳、沐浴等指導課程。

會陰縫合的產婦，4～5天之後才能拆線，但近來都使用不必拆線的材質縫合。傷口會痛、排便不順，易造成便秘。產後若一直都沒有排便，須灌腸或吃緩瀉劑。

產後的體操可增加腹肌及腳部運動，以不累為原則。

產後第5～6天

即將出院。媽媽加油！

抱著寶寶出院囉!!信心滿滿的媽媽，準備好接受育兒工作。

產後第4～5天接受出院前的診斷。若子宮的收縮、惡露、陰道壁、子宮頸或會陰縫合的傷口復原良好的話，即可出院。剖腹生產則要等到拆線後才能出院。

此外，可接受出院後的生活指導和性生活、避孕的指導，以及實際練習為寶寶沐浴、換尿布和哺乳等。

每個醫院的規定不同，有的允許產婦產後洗頭，有的則是住院時有專門的美容師替產婦洗頭。

每天一會睡覺一會起床，最重要的是先生要幫忙。

仍須安靜休養身體，照顧嬰兒或家事委請婆婆或娘家的媽媽代勞。若婆婆或媽媽沒空，請先生多擔待。

出院後，產婦的身體若沒有異常的狀況，復原良好，是可以照顧小寶寶的。但若因照顧嬰兒或做家事，操勞過度的話，惡露會增加，且沒有乳汁。故不要過度勞累，輕鬆過生活，不久，惡露自然減少，母乳的分泌也能充足。

故出院後的第1週要充分休息，不要做家事。產後的第2週是最容易感到疲憊的時候，請先生或家人多協助。請先生幫忙採購日用品、洗衣服、準備三餐等。

白天墊被和棉被不要收起來，累的時候可以躺下休息。

這時候還不能泡澡，可以淋浴。若家中無蓮蓬頭的設備，請每天擦澡清潔身體。上完廁所或淋浴完之後，要將惡露處理乾淨及消毒會陰部。產後體操可做強化骨盆底及陰道的運動。

產後第3週

可以開始做家事。午睡要充足。

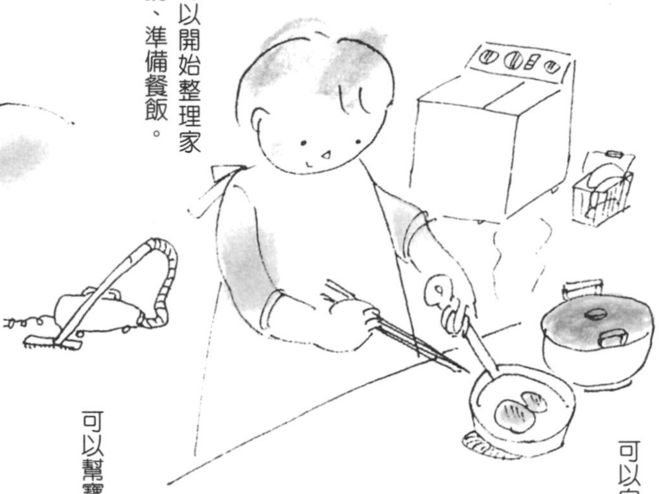

可以開始整理家務、準備餐飯。

半夜要起來哺乳，睡午覺多休息。

可以幫寶寶洗澡、換尿布。

可以自己洗頭了，早一點洗澡。

棉被不用收起來，隨時利用空檔，躺在床上休息。

可以照顧寶寶，但換尿布、幫寶寶洗澡等工作不要逞強，請先生或家人幫忙。

若洗澡水很乾淨的話，可以泡澡，但不要忘記消毒外陰部。

半夜要起來餵奶，容易睡眠不足，白天儘可能有2個小時的午睡。看書或織毛衣容易疲憊，傷害眼睛，應放鬆心情，舒解緊繃的壓力及神經。

此外，要事先安排朋友或親戚來訪的時間。儘量在床上休息。母親不但要注意不可太累，也要注意寶寶是不是有感冒的跡象。

爲使子宮收縮恢復正常，每天都要做產後體操不可偷懶。可做強化腹肌、陰道、骨盆的運動。

這時候還不能外出。

不用時常待在床上，可到附近購物。回醫院檢查。

日常的家事都可以做，也可泡澡。產後一個月，帶著寶寶一起回醫院檢查身體恢復的程度。

若恢復的情況良好，沒有異常或不舒服的症狀，本週起即可不必時時躺在床上。但是半夜起來餵奶，容易睡眠不足，每天應午睡1～2小時。

可以自己一個人照顧寶寶，或到附近購物。但是要節制逛超市及提重物。

沒有惡露，可以泡澡。洗澡水要乾淨且儘量早一點洗澡。但是嚴禁長時間的泡澡。洗完澡之後，特別是大、小陰唇的地方容易沾有污垢，要用蓮蓬頭再沖洗一次。總之，沐浴之後，要墊生理護墊。

到美容院洗頭，等的時間不可太久，儘快完成。產後2個月才能剪髮或燙髮。

寶寶滿一個月時，要和媽媽一起回醫院檢查。媽媽要量體重、血壓，還要驗尿，檢查子宮、陰道等恢復的情況，看看會陰縫合傷口復原及惡露的情形，檢查有無妊娠中毒症的後遺症如貧血等。

產後的健美操

快速恢復窈窕的身材

懷孕、生產使身材變形，為儘快使鬆弛的腹肌變結實，子宮恢復正常及雕塑健美的身材，每天要做２～３次的產後健美操。

產後第３～４天

（增加的運動）

仰臥手放在胸前，使用頸部及腹肌的力量，把頭抬起來。

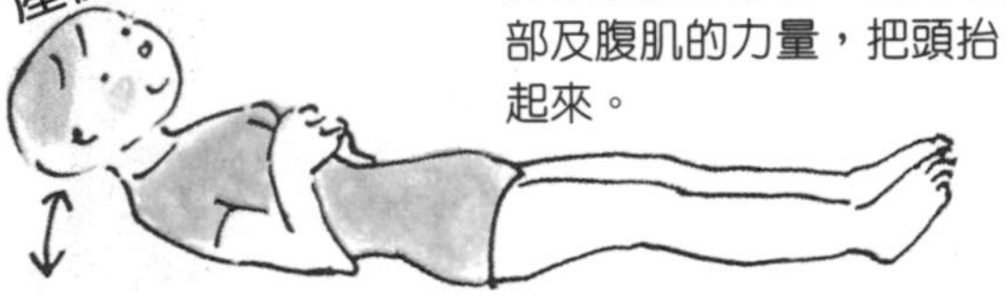

復原情況良好的產婦，可請人幫忙壓住雙腳，上半身抬起來。

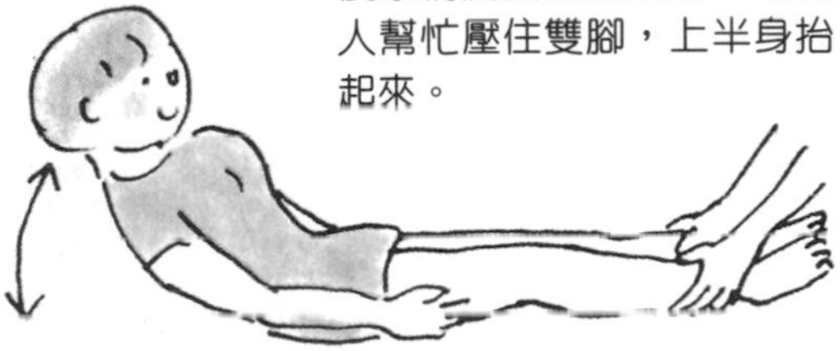

產後第５～６天

（增加的運動）

仰臥輪流舉起雙腳後，再將雙腳一起舉高。

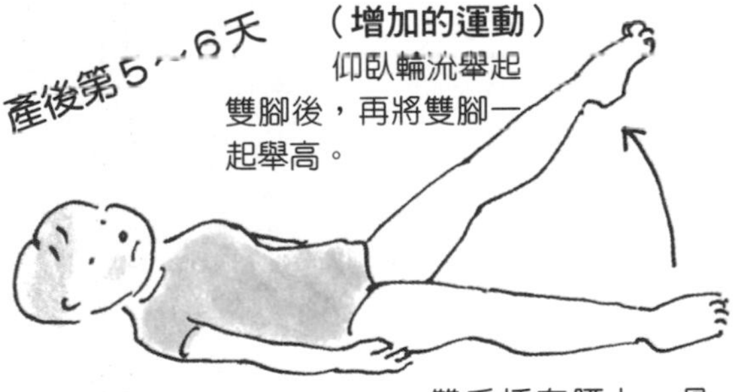

雙手插在腰上，骨盆傾斜45度，停留１～２秒後還原，左右各做５次。

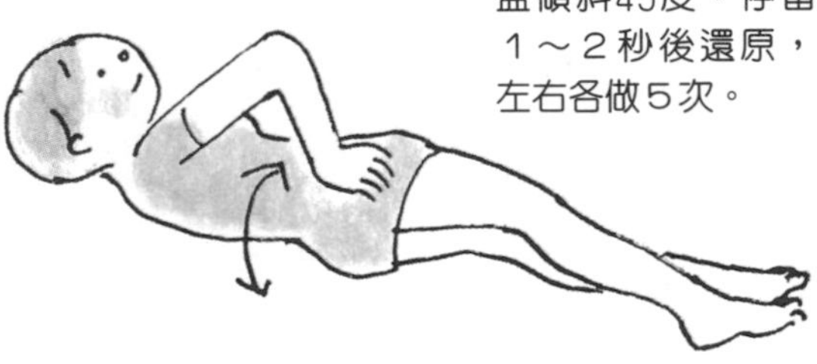

產後第１天

（生產的隔天）

雙手貼在胸前，緩緩地大口吸、吐氣。

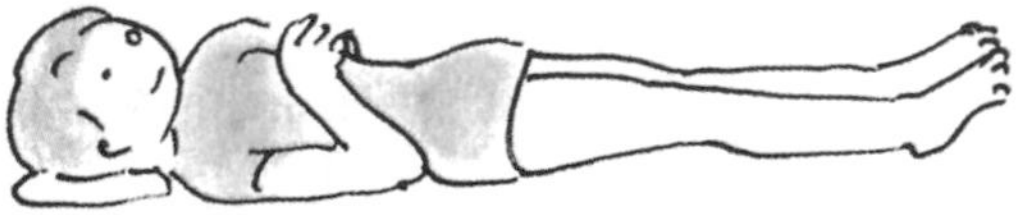

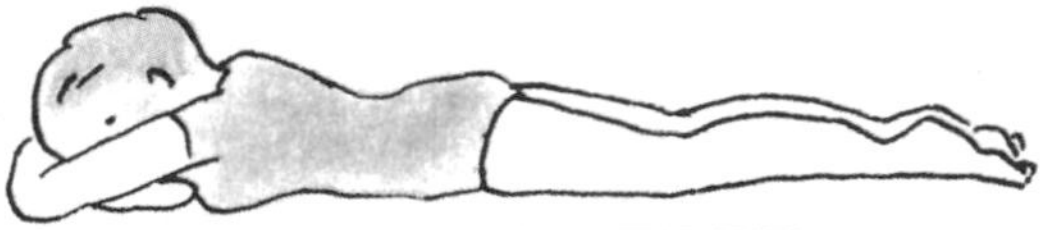

趴睡的姿勢有助於子宮的恢復。

雙腳打開呈內八，活動腳趾。

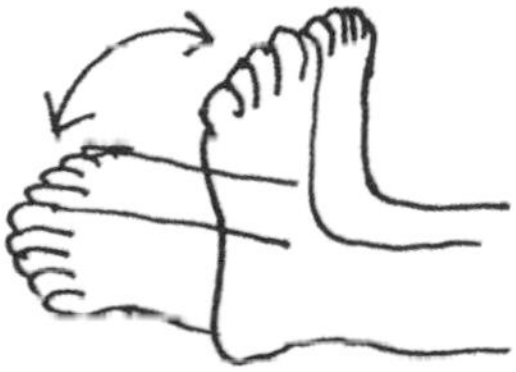

將腳根放在床上，雙腳的腳尖一起往前用力伸展，再回到原位。

產後第２天

（增加的運動）

手部運動。仰臥雙手呈水平狀，高舉雙手合掌，再慢慢的還原，反覆練習。

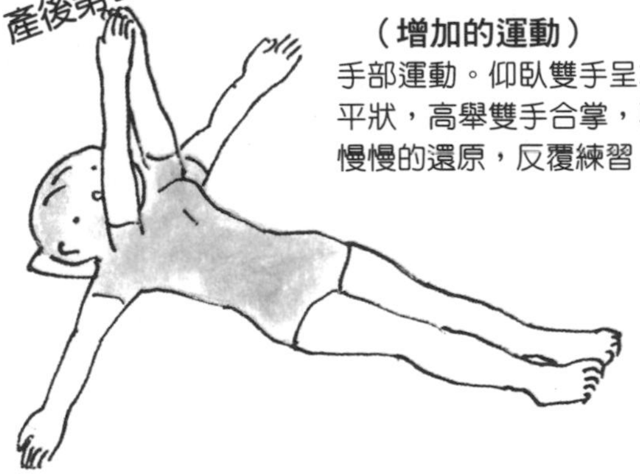

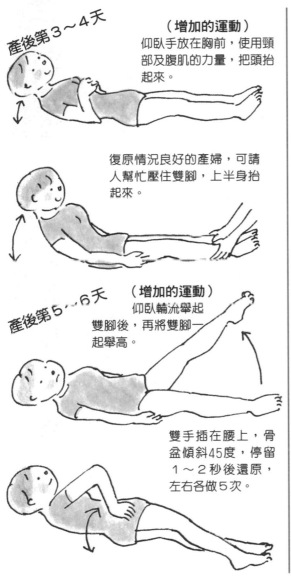

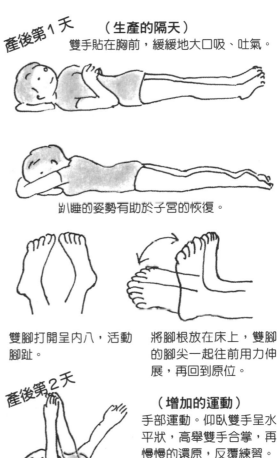

哺育母乳

對寶寶而言，母乳是最佳的禮物。

所有的哺乳動物都是以母乳撫育下一代。人類從在母親的肚子裏開始，吸吮指頭的機能完備，出生之後不久，被母親抱在懷中即有吸吮乳頭的本能。哺育寶寶，母乳是最自然也是獨一無二的聖品。而且母乳對寶寶而言，是世界上最棒的食物。讓我們再次檢視母乳的營養。

母乳分泌的原理

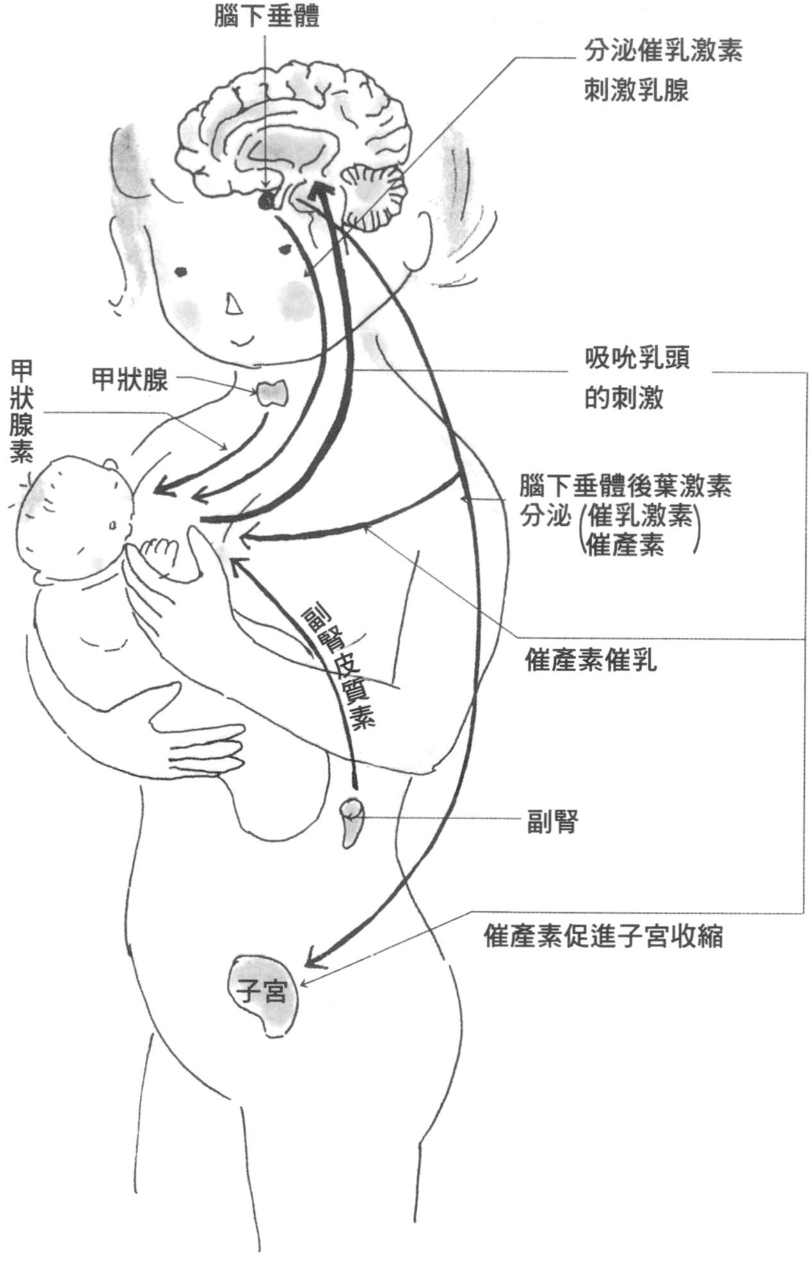

腦下垂體
分泌催乳激素
刺激乳腺
甲狀腺
甲狀腺素
吸吮乳頭
的刺激
腦下垂體後葉激素
分泌（催乳激素
催產素）
副腎皮質素
催產素催乳
副腎
催產素促進子宮收縮
子宮

母乳對母親及寶寶非常的重要

母乳的好處

對寶寶而言，母乳是最棒的天然食物；對媽媽來說，哺乳也有重要的功效。

●因母乳含有各種免疫的物質，喝母乳的寶寶不易生病。即使生病也只是輕微的。

●最適合寶寶的食物，當然是常保新鮮且無菌、濃度、溫度適當的母乳。

特別是在新生兒期間，媽媽半夜要哺乳好幾次，而母乳隨手可得，幫了媽媽一個大忙，節省了泡牛奶的時間。

●母乳富含嬰兒所需的均衡營養，特別是發育不可缺的蛋白質，易消化，不會引起過敏，新生兒可安心的飲用。喝母乳的寶寶比喝牛奶的寶寶結實不會虛胖，原因是母乳的營養均衡。

●產後即應哺餵寶寶初乳，初乳富含蛋白質、礦物質及免疫的物質等。

●藉嬰兒吸吮乳頭，刺激腦下垂體分泌催產素，促進子宮的收縮，讓母體早日恢復。

而且分泌乳汁會消耗熱量，故哺乳可預防或消除產婦的肥胖。

●寶寶接觸母親的乳房，這種心理上的相連，日後對寶寶心理發展有重大的影響。

從媽媽專心餵奶的模樣，可感到她的滿足與為人母的自信。

孕期的乳房保養

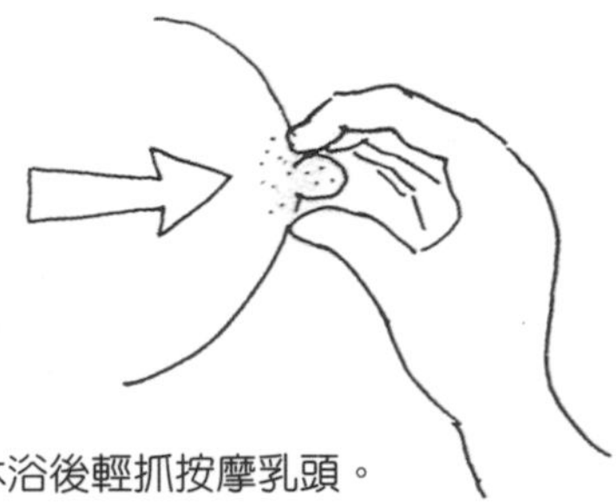

沐浴後輕抓按摩乳頭。

哺乳期的乳房按摩

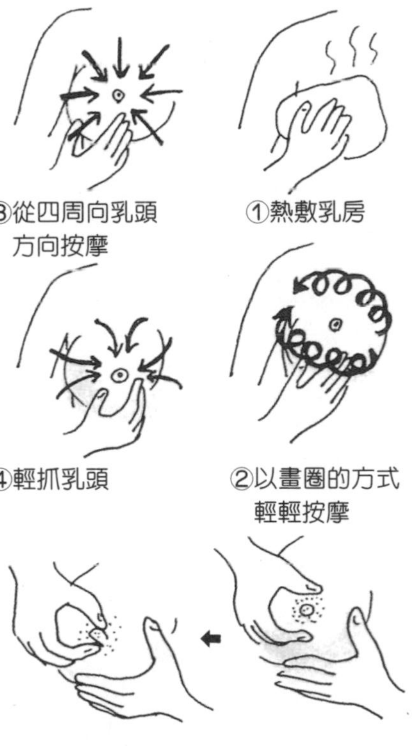
①熱敷乳房
②以畫圈的方式輕輕按摩
③從四周向乳頭方向按摩
④輕抓乳頭
⑤按壓乳暈，再按摩乳頭四周。

母乳分泌的過程

產後母體如何分泌母乳？從青春期開始即爲母乳的分泌做準備。

青春期乳腺發育，胸部變大。卵巢中的卵母細胞開始形成濾泡分泌動情激素及黃體素。這2種激素對乳腺中的腺細胞、乳管產生作用，使乳房發育膨脹。

不久，從結婚步入懷孕的階段，10個月的孕期，從胎盤分泌的動情激素及黃體素比懷孕前增加數十倍。故乳房明顯的脹大，是爲產後哺乳做準備。

另一方面，在生產前，2種激素受腦下垂體前葉的作用會抑制乳腺的分泌，等到分娩完，胎盤脫出後，抑制乳腺分泌乳汁的作用隨即消失，腦下垂體前葉會分泌催乳激素，以促進乳汁分泌。而且產後甲狀腺素、副腎皮質素的分泌旺盛，也有助於乳汁的分泌。

產後的8～12小時，乳房的血液循環良好，感到乳房脹脹的，表示已準備分泌乳汁，等待寶寶的吸吮。

由於寶寶吸吮乳頭的刺激傳到腦部，反射性的刺激催乳激素及催產素分泌，以促進乳腺分泌乳汁。

母乳充足

●母乳分泌充足，可讓寶寶不斷的吸吮。爲什麼寶寶吸吮的刺激是乳汁分泌的要件，茲說明如下。

因爲知覺神經集中在乳頭，所以乳頭非常的敏感。吸吮乳頭的刺激透過脊髓神經傳到腦部，促進催乳激素的分泌。

母乳分泌充足，寶寶喝飽後，將其直立抱起。

催乳激素具有促進包裹乳腺周圍腺細胞的平滑肌及子宮肌收縮的作用。

接收到寶寶吸吮乳頭的刺激，乳房周圍的平滑肌收縮，腺細胞中的乳汁就會流出。

故不是因爲母乳流出才讓寶寶吸吮，而是母乳讓寶寶吸吮後才流出。產後的1週～10天左右，有些產婦的乳房沒有漲大，故應努力讓寶寶吸吮，吸吮的次數越多，母乳量越大。

●哺乳時，要讓寶寶將乳汁吸完，否則會影響母乳量。若乳汁殘留在乳腺，會使乳汁分泌的功能變差。若寶寶已吸飽了，可用手擠或吸奶器，看看還有沒有乳汁。

●母乳的分泌與激素有關，心情煩躁或精神狀態不穩定，若使其中一種激素分泌不正常，連帶也會影響乳汁的分泌。

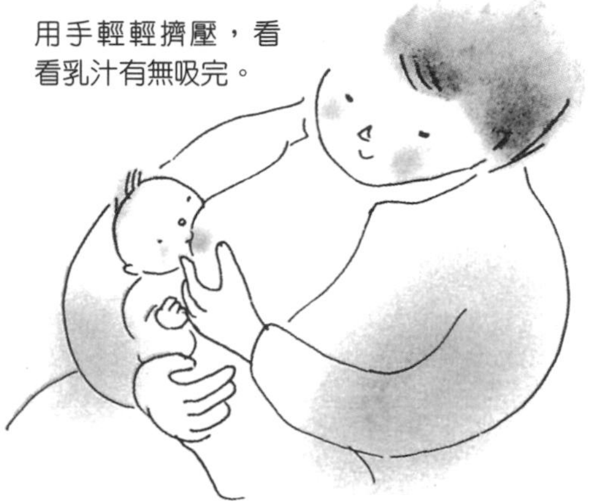

沒有乳汁

有些產婦在產後的1～2天，乳房沒有脹大，讓寶寶吸吮卻無效果出現。這種情形要按摩乳房來促進乳汁的分泌。

乳房的血液循環良好，乳汁的分泌自然旺盛。

●首先熱敷乳房，將乳液或嬰兒油抹在手上，以畫圈的方式按摩乳房，然後一手托住乳房，另一手好似要摘乳腺般的往乳頭的方向按揉，用食指及拇指抓乳頭，讓乳汁跑出。

每天至少按摩乳房一次，每次約10～20分鐘左右。

●但是有些產婦即使做了乳房按摩也無效，可以服用促進乳汁分泌的激素。

但這個方法並非對每個產婦都有用。若按摩及服藥都無法改善乳汁的分泌，只好選擇奶粉替代。

停餵母乳

產婦若感冒或罹患乳腺炎，就不可以再餵寶寶母乳了。

●感冒發燒且覺得哺乳會消耗體力時，應暫停哺乳。

但若出現咳嗽、打噴嚏，餵奶時媽媽要戴口罩，或將臉轉向一旁以免傳染給寶寶。

媽媽服用感冒藥應暫停哺乳，因藥效會透過乳汁，對寶寶產生不良的影響。

●若乳房出現紅腫、疼痛、發熱等症狀時，表示罹患了乳腺炎，要停止餵奶。

乳腺炎是乳頭可能有傷口造成細菌感染，或是乳汁囤積過多所引起。若出現症狀即應停止哺乳，且必須使母乳不再分泌，故一定要看醫生做適當的處理。

哺乳後的乳房護理

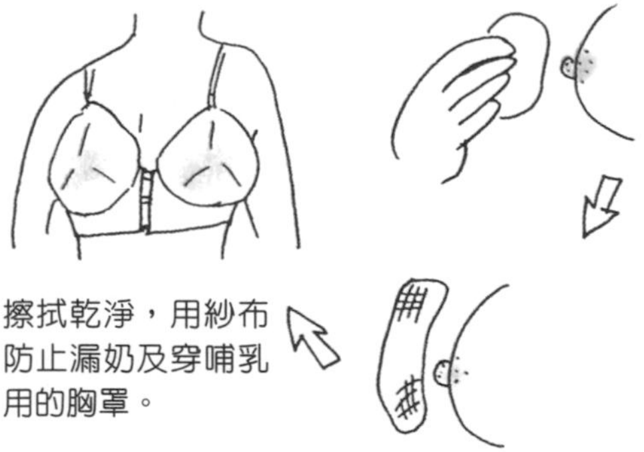

擦拭乾淨，用紗布防止漏奶及穿哺乳用的胸罩。

未滿月的嬰兒

滿月的健康檢查

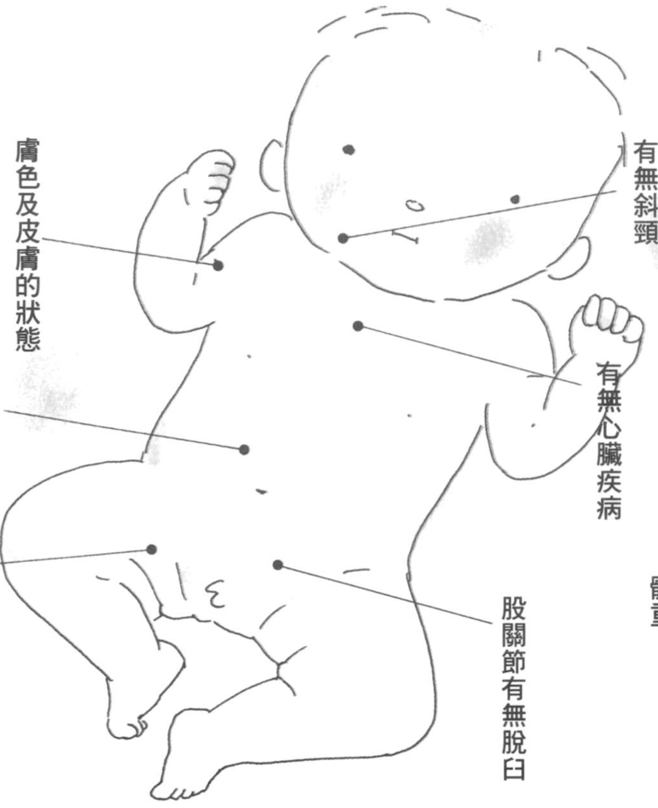
有無斜頸
膚色及皮膚的狀態
有無心臟疾病
肚臍的狀態
有無疝氣
股關節有無脫臼
全身的發育狀況
身長
體重

寶寶滿月的健康檢查項目

從出生到滿月，寶寶發育成長快速。從母體聽到寶寶生出的第一次哭聲，臍帶脫落，出現輕微的黃疸，喝奶體重開始增加，順利進入嬰兒階段，在滿月時帶往醫院做健康檢查。

一般來說，都是媽媽和嬰兒一起回醫院做檢查。檢查寶寶的發育狀況，有無股關節脫臼、心臟方面的疾病等先天性的異常。

若發現異常，應早期治療，復原不再發病的情況很多，故滿月的健康檢查相當的重要。

若有母乳不足或不會幫嬰兒穿衣服等育兒方面的問題，可以藉由健康檢查的機會請醫護人員指導。

只有媽媽最清楚寶寶的狀況

1．哭聲

嬰兒大哭是健康的證明，即使哭很久也不必擔心。

若覺得寶寶「哭得滿臉鐵青」時，就要懷疑寶寶是不是哪裡不舒服，摸摸他的身體看看哪裡不舒服。若寶寶常常突然大哭又突然停止，這時候媽媽要查看是哪裡不對勁，應趕緊帶去看醫生。剛開始無法由哭聲判斷寶寶的情況，多加留意之後，即能分辨。

2．姿勢

一天當中可以看到寶寶的身體好幾次，如沐浴、換尿布等，這時就可以觀察寶寶，若發現異常要帶去看小兒科醫生。

正常的寶寶手腳彎曲，左右半身呈左右對稱。臉向右邊，右邊的手腳會伸展，臉向左邊，左邊的手腳會伸展。寶寶的手腳活動靈活。雖然已出生2～3週，但手腳的肌肉硬硬的活動力緩慢，例如將寶寶轉向一方，摸他的頸部可感覺硬硬的。若發現寶寶長短腳，可能是異常，要帶去看醫生。

3．吐奶

吐奶要視狀況而定，無須擔憂的情況是：寶寶吃太多，從口邊流出來，這種情況又稱爲溢奶。若是異常的嘔吐或從口鼻噴出，且所吐的奶中有黃色的疸汁或血絲，應立即帶去看小兒科醫生。

4．膚色

注意膚色是要看有無黃疸。一般正常的嬰兒出生後3～4天會出現黃疸，這種生理性的黃疸會引發重症，若寶寶的黃疸長時間不退，表示有異常。

溶血性的黃疸最危險，黃疸進行的速度快，一天下來，寶寶的膚色就會變成黃色。有的黃疸持續一個月，寶寶的大便呈白色。總之，若有異常的黃疸出現，應即刻帶寶寶去看醫生。

5．打嗝

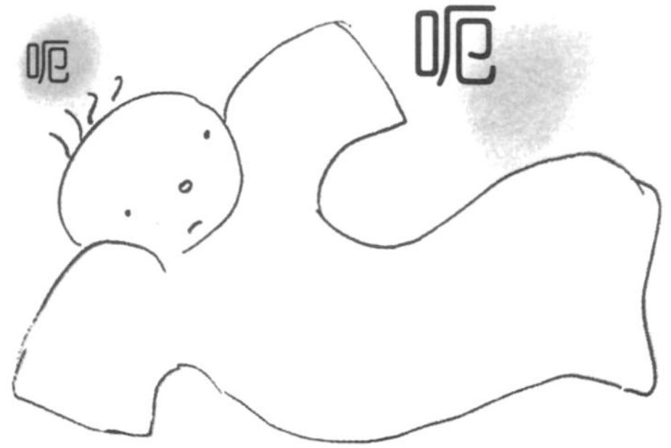

打嗝是橫膈膜痙攣所引起的。寶寶在吃完奶之後，常會打嗝，這是因爲牛奶在進入肚子及腸胃時刺激橫膈膜所造成。另外吃太飽使胃部變大，刺激到神經也會引起打嗝。

寶寶在媽媽的肚子裏時，就會打嗝。總之，嬰兒經常打嗝，這是正常的生理現象，無須緊張。

6．大便的顏色

吃母乳的嬰兒排便較軟，吃奶粉的寶寶則比較硬。且大便的次數一天一次以上，但有些吃母乳的寶寶，排便的次數和吃奶的次數相同，若一天吃8次母奶的話，排便的次數也有8次，故不用擔心。

大便若呈水狀、有惡臭、夾雜著黏液、血絲，或呈白色的黏土狀或咖啡色的大便，這些都是異常的警訊。

吃奶粉的寶寶大便是鐵綠色或一粒粒的，這是正常的現象，媽媽不用擔心。排便量少是因爲吃不多的關係，若大便硬給寶寶喝一點糖水，即可改善。

7．眼睛

剛出生的寶寶，幾乎一整天都在睡覺，沒有張開過眼睛，故媽媽會煩憂，不知道寶寶的眼睛有無異樣。

寶寶不睡覺的時候把他帶到陰暗的場所，眼睛自然會張開。

若眼白的部分有血絲，是分娩時的出血，媽媽無須擔心，自然會消失。

8．鼠蹊部、會陰部

換尿布時，要仔細的觀察。這些部位容易有先天性的異常。

鼠蹊部若有一邊腫大，表示寶寶有疝氣，滿月時要帶去看外科醫生。

男孩子的睪丸有2顆在陰囊裏，有時會隱藏在腹部。換尿布的時候稍微留意，並確認會陰部、肛門的位置是否正常。

9．頭蓋骨腫大

和其他寶寶相比，頭較大且每天大1公分以上的話，可能是腦水腫，應即刻帶去看腦外科。

若頭部有軟軟的瘀血腫塊，範圍小，約一個月左右即自然消失，若腫塊很大一片的話，應就醫。

剛出生的寶寶若額頭的部分較長，不用擔心，不久自然會好。

10．肚臍發炎

肚臍有水水的情形稱爲臍肉芽腫。寶寶的尿布或內褲好似沾到湯汁一般，仔細看肚臍，是粉紅色小小的像疣的東西所引起的出水或出血。

若是小小的肉腫，在肚臍上貼消毒過的紗布，且只要塗硝酸銀1～2次即可治癒，媽媽不必太擔心。

產後憂鬱症

輕鬆克服產後憂鬱症

半數以上的產婦情緒不安定

平安的生下寶寶，爲寶寶誕生而高興，一剎那間，情緒好似跌落萬丈深淵般的失落。生產的各種不安、擔心，生完後回家休養，出血或發燒等症狀，也都一一恢復之後，家人的關心不再時，產後憂鬱症已經悄悄的侵襲產婦。

產後憂鬱症並非精神病，約產後10天內，半數以上的產婦會莫名其妙的流淚，情緒低落、不安。

這種現象稱爲產後憂鬱症。很多產婦都有產後憂鬱症——暫時性的自我封閉。第一次生產、難產或分娩後身體嚴重虛弱的產婦，容易罹患產後憂鬱症。

情緒不穩定導致無法照顧寶寶

E產婦(24歲)在娘家平安地生下寶寶，回到自己家中的隔天開始，在幫寶寶洗澡、餵奶時，總覺得不安，情緒不穩定，無法全力照顧寶寶。

極度的煩惱寶寶沒有穿衣服會感冒，如果家中的門窗沒有緊閉、沒有開暖氣，而且洗澡水沒有很熱的話，是不會幫寶寶洗澡的，且在寶寶洗完熱呼呼的熱水澡之後，就餵他吃奶。

某一星期假日，先生發現太太的行徑怪怪的，便把丈母娘找來商量。看到E產婦疲憊的身軀，丈母娘驚訝不已，才知道她太過神經質了。

多虧丈母娘幫忙帶小孩、做家事，一個月後E產婦才走出憂鬱症。這一個月先生都儘量早回家，幫忙帶小孩或帶E產婦外出購物等。產後的2個月，E產婦漸漸的對育兒產生了信心，才恢復正常。E產婦靠先生及家人的幫助，克服了產後憂鬱症。

失眠更加重產後憂鬱症

「明明就有參加準媽媽教室，也學會了如何照顧寶寶，但是……」A產婦（28歲）淚眼汪汪的哭著對先生說。特別是半夜為了餵奶要起床好幾次，有時候緊抱著寶寶，坐在床邊哭到天亮。

「怎麼了？妳白天有睡午覺嗎？」先生輕聲的推測說道。日益消瘦的A產婦總覺得不安，把枕邊所有的育兒書籍丟掉，行為異常的過了一週。某日先生回到家，黑漆漆的，只聽到寶寶大哭的聲音。打開電燈，在另一房間看到太太用棉被摀住耳朵，身體蜷縮成一團。

先生立刻連絡婦產科醫生，詳述太太的狀況並接受治療。很明顯的診斷出來就是精神不安的產後憂鬱症候群。如果不治療的話，情況會更加惡化。出院後的第1個月先返回娘家，使情緒、精神恢復正常後即走出產後憂鬱症。

另一個案例是I產婦（30歲），只要餵寶寶吃奶時頭就會痛。因為她是職業婦女，看著大口吸吮母乳的寶寶，但滿腦子都在想著：必須在產假結束前讓寶寶改吃奶粉。怕寶寶不習慣吃奶粉成了她不安的來源，這是餵奶時引起不明原因頭痛的案例。婆婆說這是因為「產後復原慢」的關係，但仍要治療並查明原因。

了解是產後憂鬱症之一，I產婦心情變得較輕鬆，一個月之後即讓寶寶吃奶粉，平安的度過產假，上班去了。母親若情緒特別低落或出現異常的舉動，應儘早去看醫生。若都不聞不問的話，症狀會越來越嚴重。

主要原因是體內的荷爾蒙起變化，但和性格也有關係

產後憂鬱症的主要症狀是焦躁不安，連微不足道的小事都很在意，莫名其妙的說哭就哭，過度擔心寶寶，育兒過於神經質，導致無法照顧小孩，覺得孤單無依，易疲勞無力，頭痛、肩膀痛、耳鳴，站久會頭暈目眩，失眠睡不著，沒有食慾，沮喪悶悶不樂，不願意和別人交談。

嚴重的話還會有「想自殺的傾向」，釀成悲劇，如堵住正在嚎啕大哭嬰兒的嘴或母子一起自殺。

產後憂鬱症是荷爾蒙失調所引起的。

產後由於身體急遽的變化，胎盤脫出之後，體內沒有胎盤所分泌的荷爾蒙，這種激素對自律神經產生作用，使精神變調異常。

而且生產之後，馬上要面臨帶小孩受折騰的日子，身爲母親對育兒一事感到不安及心理上的壓力。

性格也是影響產後憂鬱症發生的原因之一，容易憂鬱、沮喪的人要特別注意。若個性是吹毛求疵、完美主義者，責任感比別人強、認眞負責的人，集寵愛於一身的獨生女，這些人都容易患產後憂鬱症。

千萬不要鑽牛角尖，多和家人、朋友聊天、說話，走出失落、傷感的情緒。

一般的小家庭，若先生下班回家的時間晚，也很少與朋友往來，產婦更易不安，更易感到孤立、無助。

克服產後憂鬱症

身旁的家人、醫師、護士、朋友等的溫暖關懷，是治療產後憂鬱症的方法之一。其中以先生的任務最重大，是幫助產婦順利克服產後憂鬱症不可缺席的人物。

克服產後憂鬱症要注意下述各項要點：

①治療時期，先生應提早回家，幫忙照顧小孩或做做家事，如果無法直接協助，可陪伴在太太的身邊，增加其自信心。

②千萬不要有做一個完美媽媽的心態，特別是第一次爲人母的產婦，覺得被小孩折騰的很累的時候，趁機稍微休息一下，再繼續照料寶寶。

③減少做家事。就像生產前，無法做好家事、照顧好先生也不要覺得內疚。可利用冷凍食品來準備三餐。

心情煩悶焦躁、
失眠睡不著時，
應儘早看醫生尋
求治療。
打電話給朋友或媽
媽，聊天說話轉換
一下心情。此時，
朋友的安慰非常的
重要。
假日時，將寶寶交給先
生照顧，外出散散心。
買便當去囉～
儘量少做家事，不
要要求自己做一個
完美的母親。使用
紙尿布、請看護、
買現成的家常菜等
等，都是減少產婦
負擔的方式。

④有些紙尿布的價格相當的便宜，且使用方便。在產褥期間，可請短期的看護人員幫忙照顧寶寶，讓產婦得到充分的休息。

⑤打電話和朋友聊天，可舒解情緒，也是有效預防產後憂鬱症的方法。若整天和寶寶面對面，會使情緒緊張、鬱悶。在不能外出的情況下，打電話給朋友或家人聊天、說話，舒解、轉換一下心情。

⑥心情煩悶焦躁、動不動就淚眼汪汪、失眠睡不著的情況出現時，應儘早去看醫生，尋求最佳的治療方法。

⑦預防產後憂鬱症，從懷孕開始就要參加準媽媽學習教室，事先充分的了解產後的身心變化。最好先生也能一起參加，了解太太生產後的身心變化。分娩時先生在旁陪伴的拉梅茲法，也是有效預防產後憂鬱症的良方。

先進的早產兒醫療設備及技術

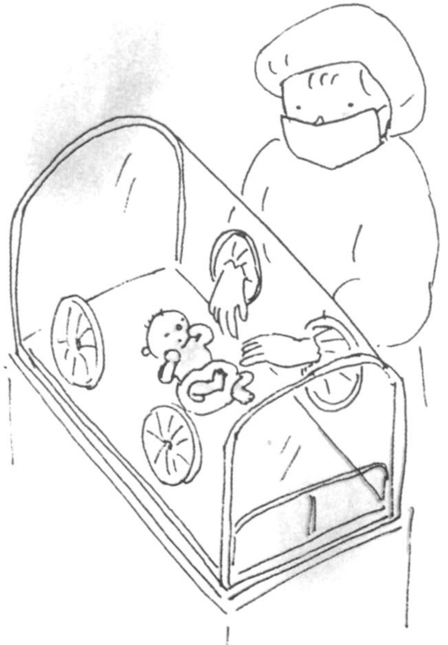

醫療設備及技術的進步降低早產兒的死亡率

無法明確定義何謂早產兒。世界衛生組織（WHO）是根據體重及在母體的期間——即以「幾週？幾公克？」來定義早產兒。

一般28週是能否養活的最底限，36週的話體重不會太輕，故不必擔心。

但是在未滿30週生下的嬰兒，體重大多在1500g以下，養育他的話可能會遇到很多的障礙。這時候，應將寶寶轉往早產兒加護病房中心（NICU）。

在早產兒加護病房中心，早產兒被放置在保溫箱中，醫護人員隨時注意早產兒的呼吸、保溫並防止細菌及病毒的感染。

現在的保溫箱，可自動的依照寶寶的體溫來調節保溫箱的溫度，因體溫下降容易對早產兒的腦部造成損傷，故可自動調節溫度的保溫箱安全度極高。

必須以早產兒呼吸的情況來調節氧氣的供給，因氧氣會引發早產兒網膜症，只有在呼吸困難的情況下，才能使用氧氣。

關照母子的醫療

近來醫療技術的進步，幫助早產兒攝取營養。早期所謂的維持輸液，即是出生之後用點滴輸液。例如，2000g重的早產兒，僅注射120㎖的輸液，可用微量的推進器，注射極少量的點滴，如此一來即可減少早產兒的死亡率。

輸液的點滴注射2～3天後，觀察寶寶的情況，再用細管將牛奶注入胃部。

若早產兒的體重超過2000g、體溫和呼吸穩定，即可以離開保溫箱，按照養育正常寶寶的方式來照顧。

出生後立即放入保溫箱的早產兒，爲顧慮到母子連心，家長可以前往探視在保溫箱中的寶寶。

第6部

懷孕及生產的最新資訊

高齡產婦

雖然有不利的因素，但若充分的留意，亦可放心的生寶寶

懷孕對身體及心理的影響很大，年輕孕婦對身心的變化有足夠的對應能力，高齡孕婦則有較大的負擔。

婦女30幾歲懷孕及生產的不利因素及危險

以前30歲以上的婦女懷孕就稱爲高齡產婦，但因結婚年齡逐漸的提高，世界衛生組織（ＷＨＯ）定義35歲以上的婦女第一次懷孕就是所謂的高齡產婦。

高齡懷孕帶給母體的危險很大，且隨著年齡的增長，不利懷孕及生產的條件越多。

例如，促進荷爾蒙分泌的腦下垂體及卵巢的老化，造成不孕、流產、早產、染色體異常的唐氏症等的發生率極高。

且由於心臟、肝臟等循環器官的老化，易引發妊娠中毒症、糖尿病等合併症，也容易導致難產。

沉著臨產的利基

第一次懷孕的高齡產婦，本身有各種不利懷孕的因素，生產時也會有危險。

●有關產道方面，特別是軟產道的柔軟程度欠佳、產道硬，生產的時間勢必拖長，也容易難產。

●可是產道的柔軟度因人而異，有些婦女30歲的產道柔軟度和20歲時一樣，有些高齡產婦結婚後不久，若荷爾蒙分泌仍正常的話，對生產不會有太大的影響。

第一次懷孕的高齡產婦，即使沒有異常，但因體力衰退、身體老化，如果在結婚後不久懷孕，也不可掉以輕心。

●注意休養、睡眠、均衡營養及穩定情緒，不可輕忽健康管理的重要。

而且不知道何時會出現異常或突發狀況，知道懷孕後應儘快到醫療設備完善的醫院，及早接受相關的產檢。

●第一次懷孕的高齡產婦若要平安的產子，對生產一事最好先做好計劃。爲預防妊娠中毒症，切記預產期不要在寒冷的冬季。

●高齡的婦女若決意懷孕及生產，除了要遵守醫師的指示外，還要放鬆心情過生活。若精神穩定，高齡產婦的生產比起年輕的孕婦應該更有利基。

軟產道的柔軟度差，分娩時間拖長，要採剖腹生產

因產道的伸縮韌性差，胎兒無法脫出母體，須費相當多時間，故很多高齡產婦決定剖腹生產。

問題是，所有第一次懷孕的高齡產婦都必須剖腹生產嗎？答案是：不一定。可以注射使子宮頸擴大的藥劑或荷爾蒙，亦可使用無痛的麻醉分娩法。

的確，在生產時，高齡產婦和20幾歲的產婦比起來，生產的時間比較長，但若控制情緒的能力比年輕的孕婦好的話，對生產所抱持的態度也會截然不同，畢竟好不容易才盼到一個寶寶，會以更從容的態度來面對生產所帶來的不適及陣痛。從懷孕開始就要積極的參加準媽媽學習教室，深入了解並獲得正確的知識。

染色體異常的發生率高

●高齡產婦最應注意的是高機率的染色體異常。腦下垂體、卵巢的機能變低，細胞分裂異常是造成染色體異常的原因。染色體異常的病症中，以唐氏症發生的機率最高。

●且染色體異常隨著母親的年齡越高，發生的機率就越高。

若擔心染色體異常，可做羊膜穿刺或滋胚層的絨毛取樣，但滋胚層的絨毛取樣是否較羊膜穿刺安全仍有待評估。

荷爾蒙分泌減少造成母乳量少

●腦下垂體前葉分泌促進乳汁分泌的荷爾蒙，高齡產婦因腦下垂體的變化或老化，致使乳汁的分泌減少。營養的母乳是嬰兒發育成長最理想的食品。

若因爲高齡生產而使乳汁分泌差的話，對嬰兒的發育有負面的影響，故在孕期中要按摩乳房，產後仍要繼續，效果會更佳。

而且要使乳汁分泌旺盛，需有充分的睡眠，不可勞累，每天的飲食要均衡攝取蛋白質、維生素、礦物質等營養，且一天睡足8小時，才能促進乳汁的分泌。

心臟、腎臟負荷加重，易罹患妊娠中毒症

高齡生產因全身性的機能不佳或老化，對心臟、腎臟造成很大的負荷，故發生妊娠中毒症的機率也高。

如前所述，妊娠中毒症的危險信號：血壓升高、蛋白尿、水腫等三大症狀。只要出現其中之一的症狀，就要小心留意，儘早就醫接受適當的治療。

其中特別是水腫最易發現。一般正常的孕婦站著做事之後，下半身就容易浮腫，這種現象經過睡一晚，隔天就會消除。

但睡了一晚之後，水腫未見好轉，且眼皮也浮腫的話，就要特別小心注意了，及早檢查是不是妊娠中毒症的前兆。

另外體重增加的程度，也是判斷妊娠中毒症的指標之一。一週若胖0.5 kg以上，就要特別留意了。

職業婦女的懷孕期

通勤、工作上應注意的事項

兼顧生產與工作的婦女有越來越多的趨勢。但是現實中的通勤、職場條件，對孕期中的職業婦女不是很有利，故有工作在身的孕婦，必須自己克服這些不利的條件。以下彙集有關通勤、工作上、孕吐、產後等可能發生的不便及解決之道，以供參考。

通勤途中

Q 通勤時間約1小時左右，正好是搭車人潮的高峰期，一定都沒有位子可坐？

A 提早出門，搭乘每站都停的電車或走到前一站搭車，請務必要有座位。若可能的話，請先生開車接送上下班。

有些公司已實施孕期工作時間縮短的政策，可晚一點上班，以避開人潮擁擠的交通尖峰時刻。

Q 搭公車上班，又怕公車搖搖晃晃？

A 若距離公車站，慢慢走約20分鐘左右，可當作運動，但請穿低跟、舒適的鞋子。

若是站位，請站在前面，抓緊拉環以免不慎跌倒，但最好是有座位。

Q 每天早上搭捷運站的手扶梯，都會感到非常的恐懼，必須注意哪些要點？

A 請最後一個下車，這時候手扶梯的人潮已經散去，可以悠閒的搭手扶梯。

不可以穿高跟鞋。要穿低跟舒適的鞋子，儘量不要提東西。手提包最好是可背型的。

儘可能背背包，最好是雙手空無一物。

工作中

Q 工作性質是一直坐著辦公，腰部常常痠痛？

A 和久站工作一樣，長時間的坐著，會使腹部用力，導致腰部痠痛。換個椅子或在可能的範圍內變換坐姿。有時候起身走動走動，可以改善腰痛。

中午休息時間，可到戶外享受日光浴或做做體操伸展筋骨。

Q 工作時間大多站著，是否有影響？

A 工作若需要下腹用力、在生產線上或站著工作、工作的場所冷氣很強等等，這種性質的工作容易引發流產、早產、妊娠中毒症，皆應避免或向公司請調工作。

Q 在百貨公司工作，冷、暖氣都開得很強，常常覺得不舒服？

A 記得腳部、腰部等下半身一定要保暖。可以穿高筒襪或用護膝保護。

暖氣的溫度開得太高，容易流汗，外出忽然吹到冷風就容易感冒。

偶爾走出有冷、暖氣設備的環境，調節一下體溫，順便找個能躺下的地方休息5～10分鐘。

孕吐的對策

Q 在擁擠的公車中，一直想吐，該怎麼辦？

A 因悶熱、空氣流通差，很多孕婦都會想吐。爲以防萬一，請隨身攜帶塑膠袋及小毛巾。在擁擠的公車比在人少的公車，更有想吐的感覺。孕婦要搭乘人少的公車，比較不會想吐。

Q 上班時突然想吐，於是衝到廁所，但沒吐出來……。

A 懷孕的人肚子餓就會覺得不舒服想吐，所以應隨身攜帶小點心，將餅乾、糖果、巧克力、一口小起司等零食放在包包中。一有孕吐的症狀，就馬上食用。自己吃零食的時候，別忘了分享一些給周遭的同事們！

Q 因早上太匆忙，沒有吃早餐，一直想吐，該怎麼辦？

A 吃早餐不僅是改善孕吐的對策，也必須考量到營養方面，所以早餐一定要吃。如果在家來不及吃，至少要帶一樣水果到公司吃。便當要帶自己喜歡吃的東西，可以提高食慾。

中午前想吐的感覺很強烈，以集中精神在工作上來忘記孕吐，請勿吃甜的東西。

Q 爲舒緩孕吐，有無轉換心情的好方法？

A 走出戶外，呼吸清新的空氣，放鬆心情。曾見過心情不好的孕婦躲在廁所裏休息，廁所的空間狹小，反而更容易想吐。

因頻尿、便秘等，孕婦比未懷孕前更常去廁所。若待在廁所，心情如何能好得起來。

產後

Q 哺育嬰兒母乳，上班之後就沒辦法再繼續嗎？

A 上班之後要哺育母乳是件麻煩的事，可以先將母乳擠出，儲放在冰箱冷藏，請保母餵寶寶。

現在很多職場都有冰箱，利用休息時間擠母奶放到冰箱冷藏，下班再帶回家，當作隔天的份量，晚上母親可親自哺乳。

Q 睡眠不足精疲力盡，有沒有夜晚能好睡且可兼顧哺乳的育兒方法？

A 有工作的媽媽特別需要體力，且要有充足的睡眠。若寶寶是吃奶粉的話，半夜餵奶可請先生代勞。若寶寶是用紙尿布，也可省下換尿布的時間，來爭取睡眠的時間。

Q 下班回家的時間不固定，寶寶萬一有什麼狀況發生的話，該如何處理？

A 工作重要，小孩也很重要，職業婦女就像三明治一般夾在中間。在產假或生產前事先找到萬一寶寶有什麼狀況發生時，能幫忙照顧寶寶的人，最好6～7位，若沒有那麼多的人選，至少也要有3位。

可找住在附近的親朋好友或鄰居，告訴他們妳公司的聯絡電話。

Q 要到何處尋找專業、可靠托嬰的人？

A 產假結束後立即要面臨托嬰的問題。儘量在知道懷孕後，即開始找尋托嬰的單位。最晚也要在生產前找到。

經政府認可的托嬰保育所，有照顧0歲寶寶的保育所非常的少，但母親也不可將寶寶托給沒有執照的保母、保育媽媽、托嬰中心照顧。托嬰保育所的設備、費用、飲食、保育的方針等等，母親都要親自實地瞭解。

可請鄉鎮市公所或社區人員介紹托嬰保育所或保母。

隨心所欲的生男生女
生男生女的方法

生男生女的方法
—精蟲分離術

知道懷孕之後，腹中胎兒健康的胎動，爸爸、媽媽一定會想知道胎兒是男是女？現在在懷孕前，即可先決定生男或生女。

醫學上，對人工方式的生男生女一事，雖然有不同的意見，但是研究風氣熾盛。到底如何控制生男生女？

決定女寶寶的是父親的X染色體及母親的X染色體，而男寶寶則是由父親的Y染色體及母親的X染色體所決定。

以理論來看，只要分離父親的X及Y的染色體，就可隨心所欲的生男或生女，以下介紹分離父親精子的X及Y染色體的方法。

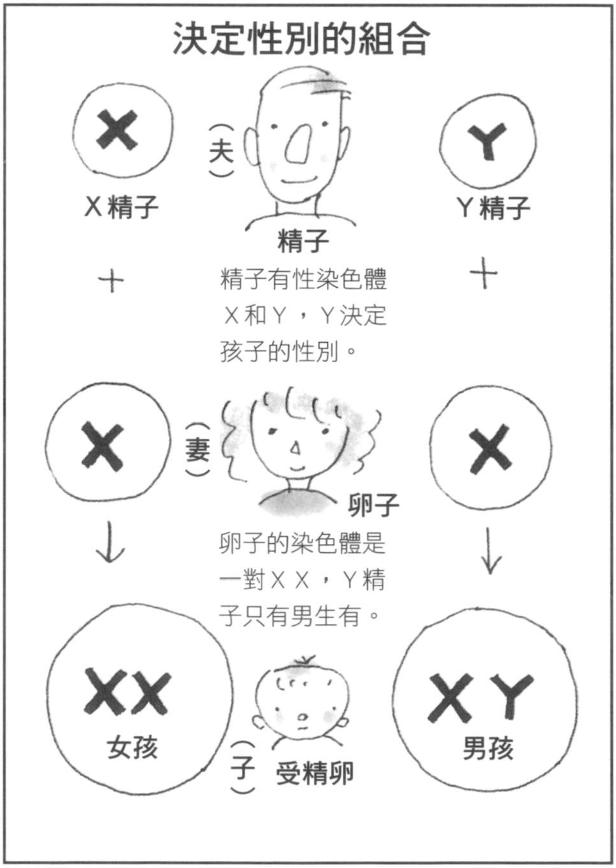
決定性別的組合
X
X精子
（夫）
精子
Y
Y精子
＋
＋
精子有性染色體X和Y，Y決定孩子的性別。
X
（妻）
卵子
X
卵子的染色體是一對XX，Y精子只有男生有。
XX
女孩
（子）
受精卵
XY
男孩

目前尚未保證絕對安全的電氣泳動裝置法

日本的慶應大學是數個研究精蟲分離術的大學之一。以前是將比Y染色體重6倍的X染色體以遠心分離法分離，但分離率約70～80%左右，且會傷到精子，降低精子的活動力，導致受孕能力變低。

利用電氣泳動裝置法來分離，可改善此缺點，且分離的準確度相當高。有一段時間，很多婦產科使用電氣泳動裝置法。

但一九九四年，日本婦產科學會提出「有關使用電氣泳動裝置法分離X、Y精子的安全性」。

根據報告，其安全性仍是個問題，至今無法絕對確定其安全性是百分之百。

原本電氣泳動裝置法的目的是用來篩選因性別而發生的遺傳病。

有效預防因性別而發生的遺傳病

其他牛男生女的研究亦持續進行。利用Y精子是強鹼性，X精子是強酸性，想要生男孩時，太太要多吃含有磷、鈣的物質或藥劑之外，還要使用陰道潤滑劑。

此法的成功率，據說有80%以上。隨著醫學日新月異的進步，可自由決定生男生女的時代已經來臨，但是對人工化隨心所欲的生男生女出現了反對的論調，認為違反了自然法則。

以雙親的立場來看，能否用人工掌控自然孕育的生命，確實仍是一大問題。

但精蟲分離術對預防因性別而發生的遺傳病，具有很大的功效。

產後的性生活開始之日起

選擇適合自己的避孕法

產後一個月接受健康檢查之後，性器若完全恢復，即可開始產後的性生活。不可太過勉強，要請先生多協助。若不想要立刻再懷孕的話，從性生活開始之日起，必須避孕。月經沒來就懷孕的例子屢見不鮮。

保險套

避孕的方法很多，若性器的復原情況不佳，從事性生活陰道易受傷，故產後若要進行性生活，應以保險套避孕爲佳。

保險套使用方便且無任何的副作用，若使用不當則無法達到避孕的效果，應正確使用才能成功的避孕。先生要全力協助，夫妻之間要經常討論改善，是以保險套避孕的成功秘訣。

保險套的使用方法

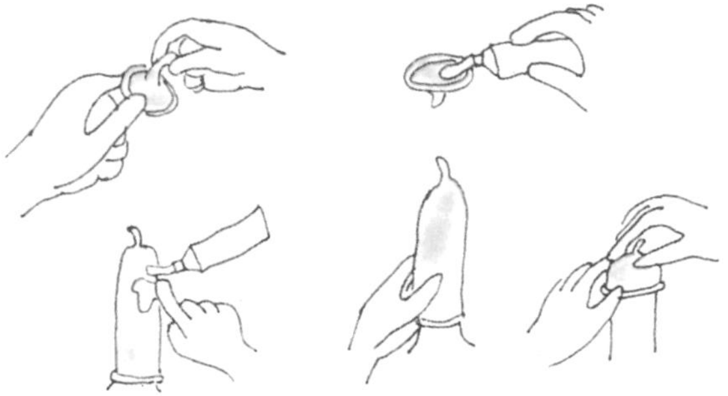

產後以保險套避孕。
會陰切開的產婦，陰道要塗上潤滑劑。

IUD

IUD(Intrauterine Device的簡稱，子宮內避孕器)是子宮植入避孕器具的總稱，子宮內避孕環即是IUD之一。

現今被廣爲使用的是S字型、扇型、圓型等不鏽鋼製的避孕器。

植入子宮內避孕器即使受精也不會著床，利用這種特性來避孕。產後約6週，經醫生檢查許可才能裝子宮內避孕器，在月經開始後的10天內植入。產後月經沒來的產婦，可用荷爾蒙劑催經。IUD的避孕效果據說高達95%。

各式的子宮內避孕器

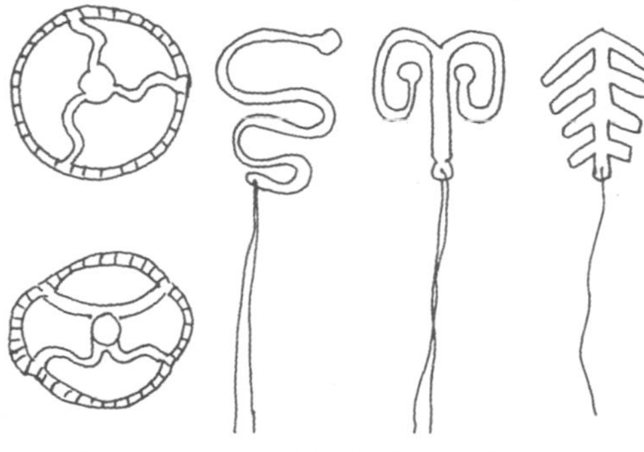

避孕效果95%，可向婦產科詢問避孕的方法。

口服避孕藥

由黃體素及動情激素合成的口服避孕藥，服用後，會有假懷孕的狀態出現，可抑制排卵的功效。產後要經醫師的檢查許可及指示服用，但哺乳的產婦不可服用，因會藉由母乳將藥效傳給寶寶。避孕的效果好但有副作用，前次懷孕有靜脈曲張或有其他病症的婦女不可服用口服避孕藥。

若生理期是28天（4週），有2種服用方式：
1.服用21天（3週）　2.服用28天（4週）

5天
停用
21天服用
生理期
生理期

基礎體溫表

女性的身體每個月都有週期性的月經及排卵。隨著經期及排卵期，體溫會有變化，如此就能知道排卵日。基礎體溫表是利用基礎體溫避開排卵日的避孕方式。

排卵期的體溫是低溫到高溫，到了高溫期，卵子存活2～3日，這些日子不可從事性生活。

但排卵及月經來的日子不一定，所以採用此法避孕失敗的例子很多。特別是育兒或哺乳期，體溫很容易亂掉，產後大多不採此法避孕。

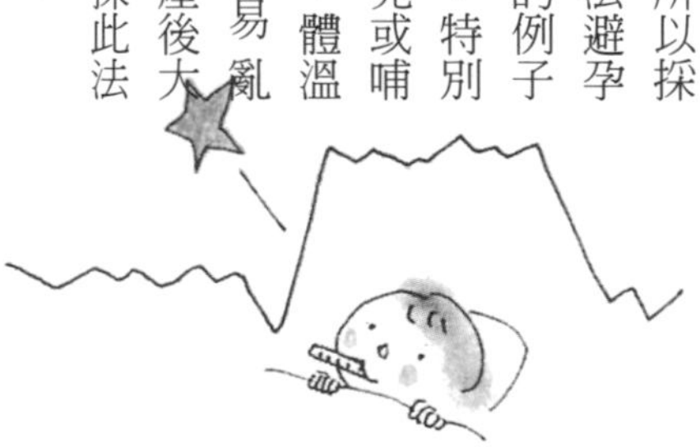

每天早上，量五分鐘的口溫。
若體溫來到高溫期，2~3日要禁止性行為。

子宮套

杯狀的橡膠膜，性交前放在子宮口，以防止精子進入的避孕法。

要選擇適合自己陰道的尺寸，第一次使用前要請人指導。不會有異物感，1個子宮套約可使用1～2年，但近來不流行，因爲要用手深入陰道內，很多婦女對此種裝置法很排斥。

子宮套的使用方法

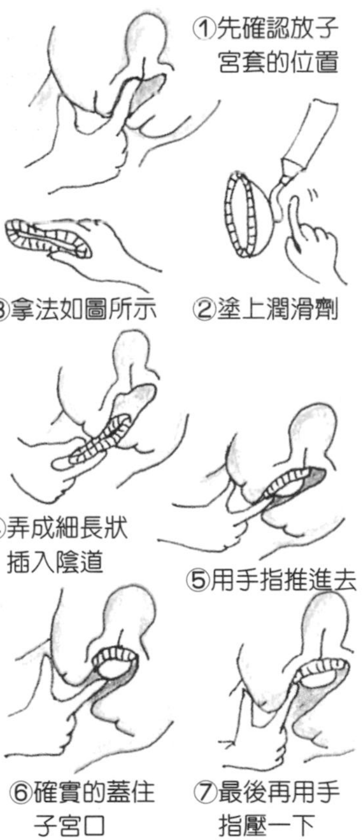
①先確認放子宮套的位置
②塗上潤滑劑
③拿法如圖所示
④弄成細長狀插入陰道
⑤用手指推進去
⑥確實的蓋住子宮口
⑦最後再用手指壓一下

不可自行判斷，必須經醫師許可

孕期中的運動

孕婦游泳前後要經仔細檢查

孕婦的體態就像抱著一個小孩活動，且孕婦運動，更增加體力的消耗量。

但游泳這項運動例外，藉由浮力使身體變輕，一般無法做的運動，在水中反而能舒展得開。孕期中游泳有下列益處：

①能舒解腰痛、腿部抽筋、靜脈曲張等懷孕後期易出現的症狀。

②是全身的運動可以鍛鍊肌肉，有助於分娩時的使勁用力。

③以浮在水面的姿態來練習放鬆。

④游泳時股關節會充分的打開，可加強其柔軟度，有助於分娩。

⑤在水中進行水中禪坐的運動，對分娩時的用力有很大的幫助。

但是游泳是一項劇烈的運動，必須要經醫生許可，游泳前後都要接受仔細的檢查。孕婦選擇游泳班時，切記該游泳班是能提供在游泳前後做好仔細的檢查。

新的孕婦韻律操幫助孕婦輕鬆分娩

韻律體操和游泳一樣具有安產的作用。

伴隨音樂的韻律體操和一般的健美操、爵士舞的不同點是，增加分娩時所必需的體力、呼吸的方法等。進入安定的懷孕中期即可開始練習。

①使血液循環佳，鬆弛緊繃的肌肉。

②用呼吸來幫助全身放鬆。

③柔軟股關節。

④學會生產時所需的用力及放鬆身體。

⑤鍛鍊腹肌，有助於分娩時的使勁用力。

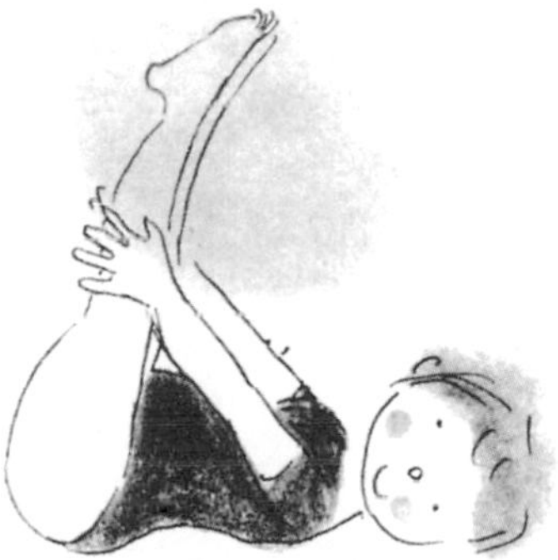

孕期中的運動不可過度，愉快做運動

●以前孕婦游泳、做體操被視爲禁忌。但是活動身體鍛鍊全身的肌肉，可消解孕期中易引發的各種症狀，而且對生產很有幫助。因有孕在身，必須事先檢查身體的狀況且經醫師許可，才可以游泳或做韻律體操。

雖然孕期中的運動有很多的好處，但並非每個孕婦都適合。

運動多少會引起子宮收縮並引發子宮、胎盤等暫時性的血液循環不良。這時候若是一切正常的孕婦，休息之後立即恢復且無異常出現，但對患妊娠中毒症或合併症的孕婦而言，能否運動仍是一個問題。

懷孕期間平安無事的孕婦，有時會有下腹痛、腹部脹脹的感覺，身體狀況不良時應停止運動。以散步或做簡單的家事取代，這樣的運動量就夠了，不要過於勉強。

但若在家裏懶得動，整天無所事事的孕婦容易過胖。

開始運動後生活變得有規律，也能結交到許多朋友，壓力自然減少，好處很多。

懷孕、生產、育兒的相關資訊

孕婦及嬰兒的相關登記

妊娠登記

第一次產檢後確實已懷孕，儘早辦理妊娠登記。產檢的醫院或婦產科醫院或所在地的鄉鎮市區衛生所，有相關人員教導如何申請妊娠登記的服務。

醫院的婦產科備有妊娠登記申請書，可到服務台拿表格塡寫。妊娠登記申請書應塡寫的事項包括：懷孕的月數、預產期、有無性病、有無懷孕的經驗等。

提出妊娠登記申請書後，會收到母子健康手冊，爲了維護母子的健康，應定期接受各種檢查及保健的服務。

出生登記

嬰兒出生後取好名字，在出生登記申請書上塡妥資料後，必須儘速提出申請書。

申請人

1.父、母、祖父、祖母、戶長、同居人或撫養人

2.棄嬰或無依兒童，並得以兒童福利機構爲申請人

3.受委託人

4.利害關係人（無前列1、2項之申請人時）

應繳附書件及注意事項

1.在醫院、診所或助產所出生者，應提憑出生證明書。非在醫院、診所或助產所出生無法提出出生證明書者，應提憑醫療機構開具之ＤＮＡ親子鑑定報告書辦理出生登記。

2.出生者父母戶口名簿、申請人國民身分證、印章（或簽名，並請提供生父母結婚日期）。

3.棄嬰或無依兒童出生登記，應提憑向警察機關報案之筆錄及嬰兒照片，其無姓名者由撫養人或收容教養之兒童福利機構代立姓名。

4.申請出生登記普通婚姻所生子女應從父姓，欲從母姓者，應提憑母無兄弟之有關戶籍謄本及約定書。招贅婚姻所生子女應從母姓，但約定子女從父姓者應附約定書。（本國女子與外國人之婚生子女之姓氏亦同，並應符合我國國民使用姓氏之習慣。）

5.普通婚姻之婚生子女依父系計算出生別，招贅婚姻之婚生子女依母系計算出生別。父為外國人時亦同，在國外已有子女申請時應提憑國外機關出具之身分證明文件（均須經我國駐外館處驗證），依序計算出生別。

6.出生登記經催告逾期仍不申請登記者，由戶政所主任命名逕為登記。

7.非婚生子女以在生母戶籍地申報出生登記為原則，但如與父同住，且經生母同意，可在生父戶籍地申辦出生同時認領登記。

8.委託他人申請者，應附委託書。證明文件須繳交正本。

備註

1.國籍法89年2月9日修正公布，生時父或母為中華民國國民，屬中華民國國民。該法修正公布後，本國女子與外國人結婚在國內出生之子女，應依戶籍法規定申報出生登記。

在國外出生者，依入出國及移民法規定向入出境管理局申辦定居證憑向戶政事務所辦理初設戶籍登記。

2.國籍法修正公布時之未成年人，即本國女子與外國人結婚於69年2月10日以後在國內出生之未成年子女，可向入出境管理局申請定居證，其有外僑居留證者，送居留地縣市政府警察局外事科註銷外僑居留證，並於其外國護照入國簽證及入國查驗章上加蓋戳記後，領取定居證憑向戶政事務所辦理初設戶籍登記。

法定申報期限：三十日內，逾期依戶籍法科罰罰鍰。

與分娩有關的給付、補助等

勞保生育給付

（一）請領資格：

1.被保險人參加保險滿二百八十日後分娩者。

2.被保險人參加保險滿一百八十一日後早產者。

※所謂【早產】係妊娠大於二十週（一四〇日），小於三十七週（二五九日）生產者；或胎兒出生時體重大於五〇〇公克，少於二五〇〇公克者——依照中華民國婦產科醫學會七十九年十二月二十日第〇七九號函釋規定。

3.全民健康保險施行後，男性被保險人之配偶分娩、早產均不得請領生育給付，僅女性被保險人可以請領生育給付。

（二）給付標準：

女性被保險人分娩或早產者，按被保險人分娩或早產當月（包括當月）起，前六個月之平均月投保薪資一次給與生育給付三十日。

（三）請領手續：

被保險人請領生育給付，應備下列書件（均應蓋妥印章）：

1.生育給付申請書（兼給付收據）、核定通知書。

2.嬰兒出生證明書正本或載有生母姓名及嬰兒出生年月日之戶籍謄本正本。

3.持國外出生證明書者，除應檢附被保險人護照影本外，並應依下列規定辦理：

(1)出生證明書係英、日文影本者，應經我駐外單位簽證（正本不須簽證，逕送本局辦理）。

(2)出生證明書爲英、日文以外者，不論正本或影本，應翻譯爲中文，原始文件及中譯本須經我駐外單位之簽證。

(3)中譯本未經簽證者，應將中譯本送國內法院或民間公證人認證。

(4)死產者，應檢附全民健康保險醫事服務機構或領有執業執照之醫師、助產士出具之死產證明書（需載明確定之死產日期、原因及最終月經日期）。

（四）注意事項：

1.領取生育給付之請求權，自得請領之日起，因二年間不行使而消滅。

2.被保險人於加保生效期間分娩或早產者，始得依規定請領生育給付。

3.被保險人流產、葡萄胎及子宮外孕者，夫或妻均不得請領生育給付。

4.給付申請書上之被保險人通訊處，請詳塡實際可收到給付匯票或給付通知之住址。

5.被保險人請領之生育給付，投保單位如已先行墊發者，得於辦理生育給付申請手續時，取得被保險人出具之證明書（敘明墊付之投保單位名稱、給付種類、金額及出具之日期並應加蓋被保險人私章後，黏貼於給付申請書背面以免散失），且於給付申請書上之給付方式欄內勾劃，以便將生育給付寄交投保單位歸墊。

●生育補助

類別：生活津貼

補助標準：二個月薪俸額

檢附表件：1.申請表
2.戶口名簿影本
3.出生證明書

備註：

1.夫妻同爲公教人員者，以報領一份爲限。

2.未滿六個月流產者，或夫妻中一方未滿二十歲生育者，不得申請。

3.配偶於國外生育，未於申請補助期限內返國者，不予補助。

附註：

1.生活津貼及福利互助之請領，必需在事實發生後三個月內（重大災害互助一個月內）向服務機關提出申請，逾期不予受理。

2.公教人員保險領取保險給付之請求權，自得請領之日起，經過五年不行使而消滅。但因不可抗力之事由，致不能行使者，自該請求權可行使時起算。

另外，台北市政府社會局設有多項兒童福利，詳細的申請辦法可上網查詢。

保健、保母諮詢機構

早產兒基金會

服務項目

◎提供經濟補助——結合全省53家合約醫院，提供早產兒住院中醫療補助及出院後醫療儀器補助。

◎致力教育宣導——製作各式出版品，整合社會資源、媒體，宣導早產教育，喚起大眾對早產的重視，共同幫助早產兒。

◎強化醫療品質——與五家醫學中心共同發起成立「早產兒醫療訓練中心」，增加專職照護人員，以提昇醫療服務品質。並辦理醫護、社工人員代訓，提供交流機會。

◎成立居家照護小組——透過家庭訪視、電話諮詢，義務提供早產兒家屬育嬰知識、照顧技巧、生長發展評估、營養諮詢…等。

◎鼓勵出院後追蹤檢查——與20家合約醫院合作成立全省六區「極低體重早產兒出院追蹤檢查工作小組」，以幫助1500公克以下早產兒，評估在兩歲以前的身心發展和學習能力。

◎加強醫療團隊教育訓練——在國內舉辦各類講習、訓練會議、講座及國外考察、代訓交流機會。

◎提昇學術研究——鼓勵醫護、社工等人員，針對早產兒相關問題進行專題研究。

◎籌募基金——結合社會資源，籌募基金，做早產兒最堅強的後盾。

地址：台北市中山北路二段92號16樓

電話：(02) 2511-1608

家庭保母培訓及轉介

社會局自七十六年開始，委託大專院校與民間社會福利機構訓練家庭托兒工作人員，截至八十八年度止共培訓結業五、七八九名，結業學員名冊轉介臺北市勞工局光華就業服務站與臺北市民生兒童福利服務中心，以協助家長找尋合適的保母。

洽詢電話：

臺北市政府勞工局光華就業服務站
2393-4981

臺北市民生兒童福利服務中心
2748-6008轉2

◎**基礎訓練**

臺北家扶中心：北市新生南路一段160巷17號1樓　2351-6948

彭婉如文教基金會：北市新生南路三段56巷7號3樓　2362-2957

輔仁大學城區推廣部：北市安居街39號　2377-2877

臺北護理學院推廣教育中心：北市內江街89號　2371-7101

臺北市保母協會：北市基隆路一段172巷71號5樓　8787-7454

◎**進階訓練**

臺北市愛鄉協會：北市萬利街1號2樓　2239-7689

輔仁大學城區推廣部：北市安居街39號　2377-2877

彭婉如文教基金會：北市新生南路三段56巷7號3樓　2362-2957

嬰兒成長禮俗

●剃頭（剃胎髮）

男孩在出生第11日，女孩在第12日（有些地區是在第24日；基本上男的是奇數日，女的是偶數日），家長會為這個新生命舉行「剃頭禮」，剃後用圓石頭擦擦頭，希望此後「頭殼定」，頭能像石頭一樣硬，結束後必分送親朋好友、左鄰右舍吃紅蛋，分享喜氣。

●彌月

滿月之日，由嬰兒的外婆家送禮物給嬰兒，稱為送「頭尾」（嬰兒從頭到腳所穿的全部衣物），而嬰兒父母則以油飯、米糕、酥餅或糰子為答禮。

一般民間禮數若嬰兒為長子長孫，可以為嬰兒滿月而宴客，親友送禮書寫「彌月之敬」，現今大部分仍以油飯作答謝。

●收涎

寶寶滿四個月的那一天，要準備牲禮、紅龜粿、酥餅等供奉神佛祖先，娘家也得和彌月時一樣送頭尾，親友可隨意贈禮；最後，產婦則以湯圓、紅桃或酒宴作為答禮，此即所謂的「做四月日」。

在做四月日這項禮俗中，最具趣味的就是「收涎」，意思為收起寶寶的口水，為寶寶解決流口水的毛病；另外在做四月日當天，還需用紅線繫結寶寶的手腳，避免寶寶長大後做不正當的事，而成為一個堂堂正正的人。

●抓周（度晬）

準備用品：

米篩、書、印章、筆墨、算盤（計算機）、錢幣、雞腿、豬肉、尺、蔥、芹菜、蒜、稻草、刀劍、聽筒等。

頭尾用品：

帽子、上下著衣服6套（雙數）、軟皮學布鞋、助步車（手推車）、益智玩具、推車（輕便型）。

作法：

週歲這天最重要的儀式就是選才，又稱為抓周，等於是中國式的性向測驗，祭拜後，在神壇前準備一個米篩，裡面放12～14樣物品，再讓嬰兒坐在米篩中央，讓他任意抓取，用以預測將來命運或會從事的行業。

保母諮詢機構

地區	名稱	電話	名稱	電話
北部	台北市社會局	02-27597732	彭婉如基金會	02-23622957
	台北市保母協會	02-87877454	中華民國 兒童福利基金會	02-23516944
	中華民國 保母策進會	02-23417447	國立台北護理學院	02-28227101
	台北縣保母協會	02-89517829	輔仁大學教育推廣中心	02-23772877
	台北縣家扶 保母聯誼會	02-89512925	光華婦女就業服務站	02-23934981
	宜蘭縣保母協會	03-9552024	實踐大學推廣教育中心	02-25027450
	桃園縣保母協會	03-3702577	文化大學青少年兒童 福利系暨教育推廣中心	02-27005858
中部	台中社會局	04-2289111	台中縣保母協會	04-4066551
	台中市家扶中心	04-3261234	社團法人 彰化縣保母協會	04-7275799 7290935
	台中市保母協會	04-2038855	南投縣保母協會	049-995559
南部	嘉義市保母協會	05-2774289	高雄縣家扶中心	07-6213993
	台南縣保母工會	06-6988348	高雄市保母協會	07-3895650
	高雄社會局	07-3368333	高雄縣保母協會	07-7467609
	高雄家扶中心	07-7261651		

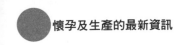

我要當媽媽了
—安心懷孕，輕鬆生產

媽咪安心手冊1

作者：雨森良彥、松本智惠子
譯者：黃茜如
主編：羅煥耿
責任編輯：黃敏華
編輯：陳弘毅
美術編輯：鍾愛蕾、林逸敏

發行人：簡玉芬
出版者：世茂出版有限公司
地址：（231）新北市新店區民生路19號5樓
登記證：局版臺省業字第564號
電話：（02）2218-3277
傳真：（02）2218-3239（訂書專線）・（02）2218-7539
劃撥：19911841・世茂出版有限公司帳戶
單次郵購總金額未滿500元（含），請加50元掛號費
電腦排版：造極彩色印刷製版股份有限公司
印刷：長紅印製企業有限公司
初版一刷：2003年6月
八刷：2013年1月

定價：220元

國家圖書館出版品預行編目資料

我要當媽媽了：安心懷孕，輕鬆生產／雨森良彥，松本智惠子合著；
黃茜如譯. --初版. --台北縣新店市：世茂，民92
面；公分. --（媽咪安心手冊；1）
ISBN 957-776-501-7（平裝）

1.妊娠 2.分娩 3.育兒

429.12 92008220

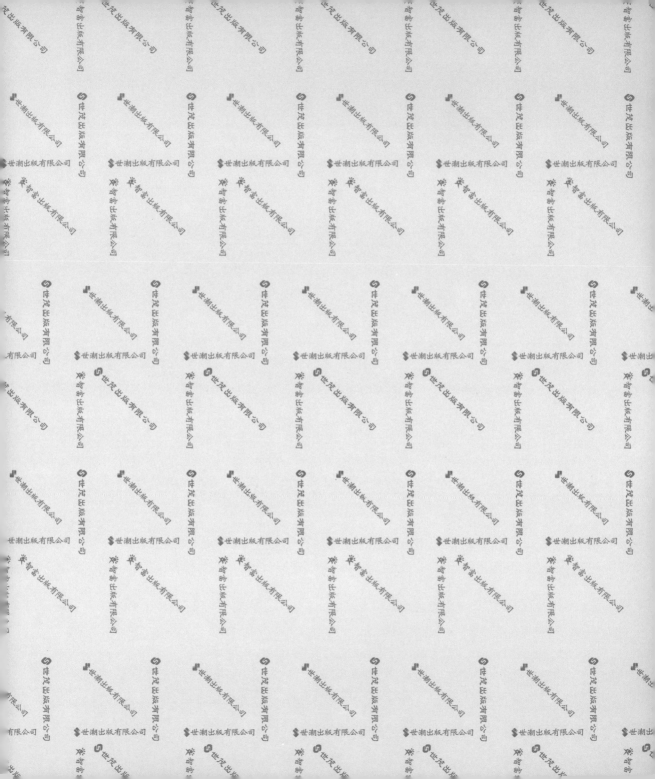

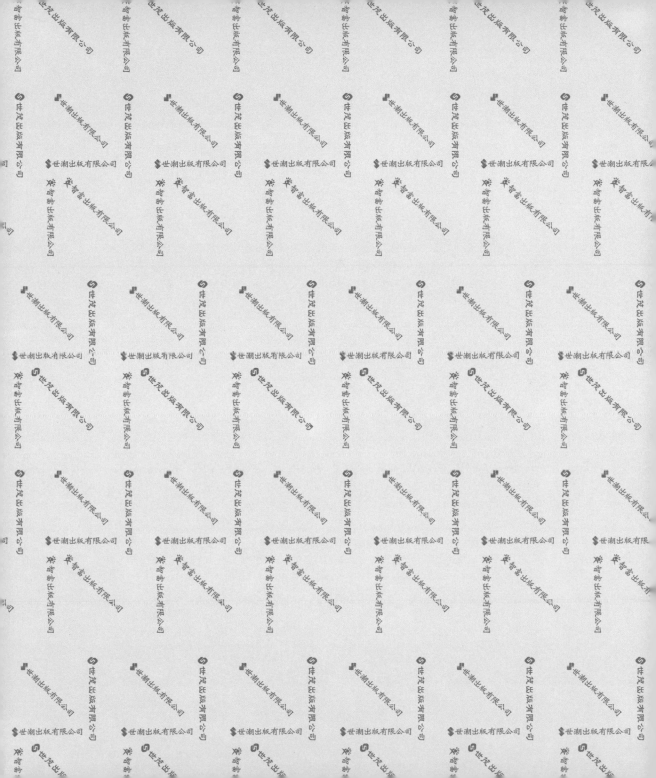